松本　正勝
杉谷　嘉則
西本　右子
加部　義夫
大石不二夫

化学の魅力
大学で何を学ぶか

●目次●

プロローグ .... (2)
第1篇　ホタルに始まるとめどもない話 ....松本正勝 (5)
第2篇　水の不思議 ....杉谷嘉則 (15)
第3篇　身の回りの化学 ....西本右子 (33)
　　　　──水と空気そして、過去から未来まで──
第4篇　現代社会を支えるケイ素 ....加部義夫 (43)
　　　　──半導体からシリコーンまで──
第5篇　高分子材料の魅力 ....大石不二夫 (65)

御茶の水書房

Prologue

プロローグ

　2009 年、神奈川大学　湘南ひらつかキャンパスは開設から 20 年が経ち、理学部化学科も創設 20 周年を迎える。そこで、以前から話題に上ってはいたが、実現していなかった、新入生、さらには高校生を対象としたテキストの刊行を企画した。その目的は、化学の魅力を広く伝えたい、さらに、高校までには考えられなかったであろう、化学の広範な広がりを知ってもらおう、とするところにある。また、これから化学を専門として学修を始める、多くの新入生にとっても役立つことを希望している。こうした企画は「神奈川大学入門テキストシリーズ」の主旨とも合致する。

　具体的には、化学科の全教員が分担執筆することとし、先ず、本書を刊行する。次年度の刊行も予定しており、さらなる発展のきっかけとなることを願っている。内容は、化学科で開講され、理学部の全学科、文化系学部にも提供されている「物質科学の世界」、あるいは最近の公開講座、模擬授業を基本としたものが多いと思われるが、各教員の日常の講義、研究に根差したもので、化学の魅力を伝えるには打って付であろう。今後、授業での使用も考えており、システマティックな初年次教育に資することも期待している。

　物質を扱う学問分野は化学に限らず、多数のものがあるが、化学の第一の特徴は化学反応により、新しい化合物を創り出し、その性質を

プロローグ

調べるところにある。したがって、化学は他の分野に新規化合物を提供する、逆に、他から特異な物質に関する知見を得る等、多くの境界領域を持つとともに、物質にかかわる研究、生産の中心的役割を果たしている。高校で学んだ化学には、いく分暗記モノの部分があったかも知れないが、現代の化学はそのようなものではなく、創造的能力、論理的な思考力が強く求められている。覚えるのではなく創意工夫する、知識より応用の利く知恵が大切である。さらに、高校時代には化学とは思っていなかったようなものも多く含まれる。本書はこうした化学の広がりの大きさ、多様性に気付いてもらうための啓蒙書であり、新しい化学を志す者への入門書である。化学の研究現場の雰囲気、新しい化学のフレイバーを嗅ぎ取ってもらえれば十分であるし、これから化学を勉強しようとする諸君にとっては、学修意欲を高めるとともに、どのように学んでいくかの指針、転ばぬ先の杖ともなり得る。入門書とはいえ、学問の常として、容易には理解し難い部分もあるかもしれないが、そのようなところも順を追って、じっくり読み進めてほしい。

Part 1

第1篇
ホタルに始まる とめどもない話

松本　正勝

1　はじめに

　ホタルやクラゲ、夜光虫などの生物が出す光は古くから人々の心を惹きつけてきた神秘的ともいえる現象です。中でもホタルの光は日本人にとりわけ親しみの深いものです。自然界の全てに神や霊が宿るとする昔の日本人の在りようと無縁ではなさそうで、日本書紀にもホタルは「さば（多）にほたるびのかがやく神」として登場します。ほたる狩りや蛍見物に象徴されるように、日本人の"ほたる好き"は世界に類を見ないでしょう。古くから和歌や俳句に詠われ、芭蕉をはじめ多くの俳人たちも沢山の句を残していますし、歌謡曲にもさまざまな姿で登場します。日本画の題材としても多く採り入れられ、伝統的な織物の柄にも見られます。

　ところで、「ほたる」という言葉の語源の一つは、ホタルが群れをなし空中を乱舞、そのうちいっせいに草むらに舞い降りる様が「火（ほ）が垂れる」ように見えることにあるとされています。今ではこんな光景はまず見られないでしょうが、それでもほとんどの人はホタ

ルが黄色や黄緑の光を点滅させながら舞うのを一度は目にし、中にはホタルを手のひらに乗せてみた人もいると思います。ホタルのお尻が手のひらを淡く照らし出しますが熱くありません。またホタルのお尻は火傷もしないし焦げもしません。実に不思議です。私たちの身の回りで明るい光を出すもの、例えば焚き火、ろうそく、電球、蛍光灯、テレビなどなど、みんなかなりの熱を光と同時に出していますから、近づくと熱く感じ、時には火傷をします。また「北風と太陽」の話のように私たちは光だけでなく暖かさも太陽にはイメージします。このように私たちはふつう光には熱が伴うものと思っていることもあって、熱くないホタルの光をわざわざ「冷光」と呼んでいます。

2 ホタルの発光とその仕組み——なぜお尻が焦げないか——

　ここで、ホタルの「冷光」とろうそくの「熱い光」を比べてみます。ろうそくは普通の気温（25℃程度）では固体のロウ（パラフィン）でできていて、これが熱せられて蒸気となり燃える（酸素による酸化が激しく起こっている）ときに大量のエネルギーを放ちます。このエネルギーのたった1/10000ほどが私たちの眼に見える光（可視光）として放たれ、残りは全て熱となります。一方、ホタルは体の中でルシフェリンという有機化合物を燃やし（酸素で酸化し）、このときに生まれるエネルギーをろうそくの場合の数千倍の効率で光として出しています。つまりエネルギーが可視光と熱に変わるとき、ホタルでは可視光として放たれる割合が大変高いため、あまり熱が出ないのです。わたしたちの身の回りの照明は電気のエネルギーを光に変えていますが、蛍光灯もテレビも近寄るとずいぶん熱の出ていることが分かります。最新のライトでもホタルほどは効率良くエネルギーを光に変えていないでしょう。世界中の家庭や街の明かり、車のライト、そして集魚灯などの効率がホタル並みになれば相当な省エネになり炭酸ガスの排出

図1 ホタルの発光の仕組み

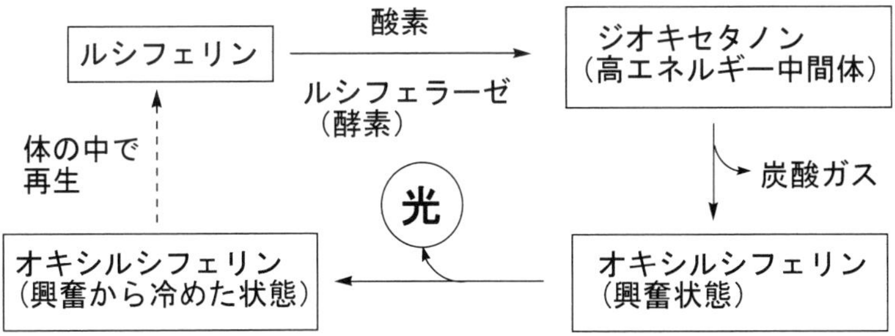

ルシフェリン →(酸素／ルシフェラーゼ（酵素）)→ ジオキセタノン（高エネルギー中間体） →(炭酸ガス)→ オキシルシフェリン（興奮状態） →(光)→ オキシルシフェリン（興奮から冷めた状態） →(体の中で再生)→ ルシフェリン

問題もかなり緩和されそうです。

　上で話したようにホタルの発光は化学反応のひとつ、酸化反応、によるもので、物質の持つ化学エネルギーを光に変える仕組みをホタルは持っています。この仕組みについて図1を使って少し詳しく説明します。まずホタルは自分の身体の中でアミノ酸の一つから発光の原料となるルシフェリンを作ります。このルシフェリンはルシフェラーゼという酵素の働きで酸素分子と結合してジオキセタノンといわれる高エネルギー化合物に変えられます。ジオキセタノンはあっという間に壊れてエネルギーを沢山持った興奮状態（励起状態）にあるオキシルシフェリンという化合物になり、これが興奮状態から冷めるときに光を出します。化合物の分子は興奮状態から瞬時に冷めるときに興奮した分のエネルギーを光として放ち、ゆっくりと興奮から冷めるときに熱としてエネルギーを放ちます。ホタルはこのように酸化反応で得たエネルギーを光として効率良く放つ仕組みを巧みに創り上げています。

3　昆虫のコミュニケーション

　ホタルのお尻が焦げない理由は分かりました。その他何のために光を出すのか、とか他にどんな生き物が光を出すのかも気になります。

何のために光を出すのか分からない生き物が多い中で、ホタルはよく分かっている方です。ホタルの発光は子孫を残すための雌雄のコミュニケーションと考えられていて、種類により光の点滅の様子が異なります。発光の色調も関係しているかもしれません。ただホタルの仲間でも光に集まる虫を捕食するのに発光を使うものもいます。また、鉄道虫は赤い光と黄緑の光を同時に出しますし、ゲンジボタルはさなぎ、幼虫の時にも発光しますがその理由は分かっていません。すぐに外敵に見つかってしまいそうですが、どんな意味があるのでしょうか、あるいは意味を求める私たちが間違っているのでしょうか、それにしても不思議です。

　雌雄のコミュニケーションに光を使うのは昆虫の仲間ではとても珍しいことです。多くの昆虫はフェロモン（特に性フェロモン）という揮発性の有機化合物を雌雄のコミュニケーションに使っていますし、大きな声で鳴く昆虫も私たちに馴染みのあるものです。このように昆虫の雌雄のコミュニケーションには、匂い、音、光の3つのパターンがあります。

　ファーブルの昆虫記に記されている蛾（ガ）の雄は夜に何キロも離れたところから雌のところに飛んできます。雌の蛾が出すフェロモンを雄はかぎ分けます。どうやら蛾の触角は100個ほどのフェロモン分子を感知できるようです。このフェロモンの量は1兆分の1のさらに100万分の1グラムほどです。蛾の触角は究極の匂い検知器（センサー）といえるでしょう。ヒトは硫化水素などの悪臭に敏感だと言われますが、それでも空気中に悪臭物質が1億分の1ほどあってやっと感じるかという程度です。匂いに敏感なイヌでもヒトの100倍程度の敏感さです。無論どの昆虫もこれほど敏感なセンサーを持っているわけではありませんが、きわめて微量の有機化合物でコミュニケーションできるようです。ゲンジボタルの一生の行動範囲は300～400mだそうですから、蛾のフェロモンが格段に広い範囲に情報を伝えられることが分かります。ただフェロモンの場合には風に乗って広がっていき

ますから、雄はジグザグに飛びながら段々とフェロモンの濃くなる風上に向かって行き、雌を探し当てなければなりません。この点、光は風に関係なく真っ直ぐ進みますからさえぎるものがなければホタルの方が相手を捜し当て易く便利といえます。当然他の虫や夜行性の動物にも見つかり易いことになりますが、餌となる昆虫が光るとは思わないかもしれないし、捕食しても美味しくないどころか2度と食べたくなくなるのかもしれません。

　もう一つの昆虫たちのコミュニケーションとして音つまり鳴き声があります。セミやクツワムシの鳴き声は相当に大きいとはいえ、そんなに遠くには届きませんから、生活圏の広さからいえばホタルと似たり寄ったりか、むしろ狭いかも知れません。ただ、鳴いている虫の音は光と違って姿を隠していても相手に伝わります。外敵から姿を隠しながら仲間とコミュニケーションがとれるという、鳴く虫の生存戦略なのでしょう。

4　ホタル以外の発光生物とその発光の仕組み

　陸上に棲んでいて発光する昆虫はホタルの仲間以外にほとんど知られていません。大部分の発光生物は海にいて700種ほどが知られています。しかし深海に棲む生物の半分以上は発光するのではないかとも考えられていますから、これからもどんどん新しい発光生物が見つかると思います。現在知られている発光生物が何のために光を出すのか分からない方が多いのですが、少なくとも相手に見えなければ役に立ちません。というわけで、眼のある生物の誕生はおよそ5億数千万年前の生物の種類が著しく増えたカンブリア大爆発の頃になりますから、この頃に発光生物も誕生したのだろうともいわれています。

　ホタルの発光は雌雄のコミュニケーションですが、海の発光生物の一つ、ウミホタルは外敵を驚かすとか目くらましのために発光液を出

します。チョウチンアンコウなど深海の魚は光に寄ってくるものを餌とします。昨年（2008年）下村脩博士がノーベル賞を受賞され一躍有名になったオワンクラゲや、ホタルイカ、夜光虫は何のために光るのかよく分かっていません。ただ刺激するとよく光るようですから、やはり刺激した相手を驚かす役割をしているのかも知れません。

オワンクラゲやホタルイカ以外にいろんなクラゲやイカが発光します。「博物誌」を記した古代ローマ（紀元1世紀）の軍人、プリニウスは発光生物にも大いに関心があったようで、光るハマグリを食べてみたり、クラゲを砕いて杖に付け夜道を歩いたりしたというような話が残っています。また、船乗りたちは周り一面の海が光るクラゲで埋め尽くされているような光景にも出くわすことがあったようです。

オワンクラゲ、ウミホタル、ホタルイカの発光に関わる物質についてもおおよそ分かってきています。不思議なことにこの3種の生物では同じ骨組みを持った有機化合物が酸素と反応して高エネルギーの中間体（化学反応の途中で作られ、さらに変化していく物質）を経て発光します。また、これらの高エネルギー中間体が興奮した分子に変わっていく部分の化学構造はホタルの場合と同じくジオキセタノンといわれるものです。この他、ラチア（川に棲む巻貝）、夜光虫、発光ミミズ、発光ヤスデ、発光キノコなどについてもどのような物質が発光に関わっているかを調べる研究が進められています。

5　生物発光の仕組みを利用する

ホタルの発光にはジオキセタノンが高エネルギー中間体として関わっていることはすでに話しました。人工的にこのような化合物を作り出したいというのは自然なことで、ホタルやオワンクラゲに学んで今ではホタルのように良く光る化合物が造り出されています。図2を使ってこの仕掛けを説明します。ホタルやオワンクラゲの高エネルギー

図2　生物をまねた発光化合物

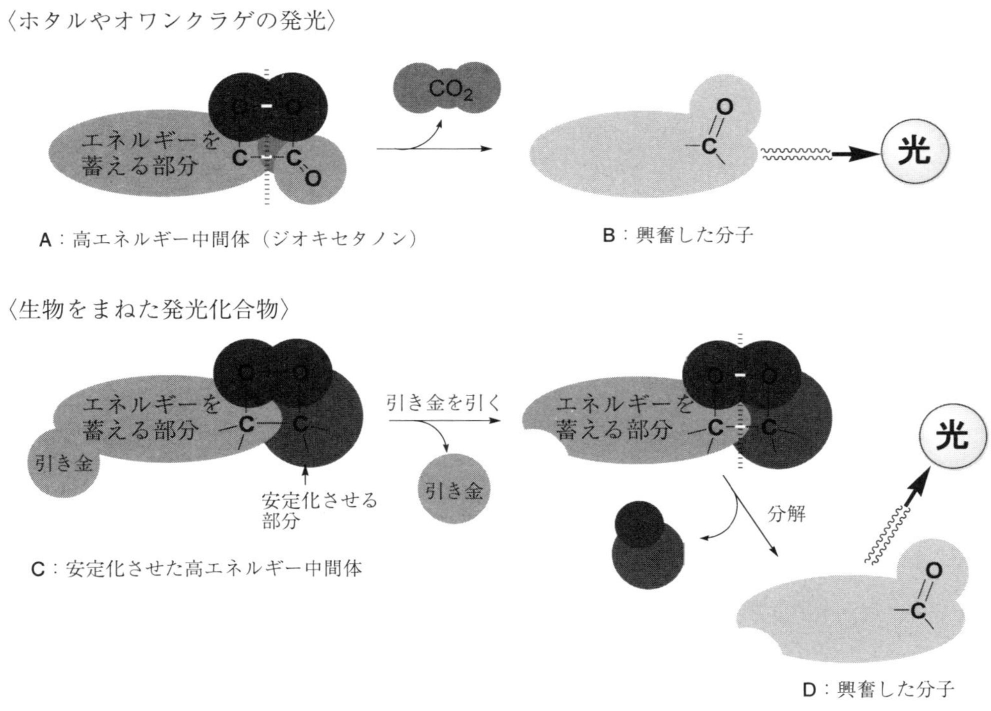
〈ホタルやオワンクラゲの発光〉
エネルギーを
蓄える部分
O
O
C
C
O
CO_2
O
C
光
A：高エネルギー中間体（ジオキセタノン）
B：興奮した分子
〈生物をまねた発光化合物〉
エネルギーを
蓄える部分
O
O
C
C
引き金
安定化させる
部分
引き金を引く
引き金
エネルギーを
蓄える部分
O
O
C
C
分解
光
O
C
C：安定化させた高エネルギー中間体
D：興奮した分子

中間体Aはジオキセタノンという部分に、さらに壊れた後エネルギーを蓄える部分が付いていて、ここの化学構造がホタルとオワンクラゲでは違っています。このAは大変不安定ですぐに壊れて炭酸ガス（CO_2）と興奮した分子Bになり、Bが光を放ちます。生物をまねた発光化合物では、生物と違って長い間保存でき、そしてのぞみの時に光らせるように工夫されています。つまり、高エネルギー中間体分子に細工をしてこの分子を安定化させる部分（化学構造）と化学的に働く'引き金'となる部分を付けた化合物Cをつくり出しています。このCは'引き金'を引くと途端に壊れて興奮した分子Dになり発光します。

　このような発光化合物Cは今では医療や生命科学などさまざまなところで役立っています。例えば、病原菌やウイルスが体にいるかどうか、ホルモンや酵素などが健康な体にふさわしい量だけあるかどうかを素早く調べることができます。わたしたちの体にあるこのような物質はきわめて少量で、例えば25mプールいっぱいの水に角砂糖を1個溶かした砂糖水より薄いくらいの量です。それを調べることができるのは、発光化合物が自分で光を出すからです。ぬかるみに落としたコンタクトレンズを探すのは大変ですが、コンタクトレンズ自身がもし光ればすぐ探し出せるはずで、これと同じです。

　遺伝子組み換えの技術を使って生物発光に関わっている物質を作り出し利用することもできます。例えば、ホタルのルシフェラーゼは生物の活動を支える素ともいえるATP（アデノシン三リン酸）を調べるために、またオワンクラゲの発光タンパクはカルシウムイオンを調べるために使われます。なお、オワンクラゲの発光タンパク（イクオリン）中にはすでに酸素の付いた過酸化物といわれるものがあって、カルシウムイオンが付くとこれがすぐに高エネルギー中間体になり発光します。このような仕組みは発光生物の中でも独特のものなのですが、オワンクラゲはさらに特別の仕組みを持っています。つまり、高エネルギー中間体がただ光を出すのではなく、近くにある緑色蛍光タ

ンパク（GFP）に光のエネルギーを移し、興奮したGFPが発光します。GFPは外から光を当てると興奮して緑色の光を出す比較的小さなタンパクです。GFPをオワンクラゲ以外の生物の酵素や細胞のタンパクに人工的に付けても元のタンパクの働きの邪魔をあまりしません。そこで、遺伝子組み換えなどの技術を使って動物や植物の体にGFPを送り込み、GFPの出す緑色の光を通して調べたい生命現象を生きたままの細胞や生物で観察することができます。例えばガン細胞にGFPを付けると動物の身体の中での増殖や転移の様子を時間を追って観察することができます。このような利用法が開発されたこともあって、生命科学はどんどん進歩しています。また、最近ではオワンクラゲだけでなくさまざまな海洋生物から蛍光タンパクが見つかり利用されようとしています。

　古代ローマにおいてプリニウスの杖を照らしたクラゲが、下村博士の発見がきっかけとなって、今では医学、生物学などミクロの世界を照らし始めているといえます。また、山伏が杖の先につけ夜道を歩く明かりとしたホタルも生化学だけでなく化学発光を通してミクロの世界の物質を探り当てる貴重な手助けとなっています。

Part 2

第2篇
水の不思議

杉谷 嘉則

1 地球上の水

　地球上に水は約14億立方キロメートル存在すると言われている。このうち約97.5％が海水で、残りの約2.5％が湖や川などの淡水であるとのことで、海水の占める割合の大きさに意外さを感じる人も多かろう。海は地表の約70％を占めているが、川や湖に比べれば深さがあるので、水の存在割合としては海水が大部分の量を占めることとなる。この大量の水は地球の歴史46億年の比較的初期（地球誕生後約10億年）にすでに存在していたということである。

　ところで、水分子そのものは、H_2Oと表されるように、水素原子2個と酸素原子1個が結合してできている。水と聞くと、ふつうはコップの中の水のような液体を想像すると思うが、その物質が水素と酸素というどちらも目に見えない気体分子からでき上がっているということは誠に不思議なものである。しかもこの水が人間の体の重さの約60％を占めており、赤ちゃんならそれが70％にもおよぶという。われわれに最も関係の深い物質といえる。

2 水の霊験　ルルドなど

　日本には全国各地においしい水の出る泉があり、またそれらの水の不思議な効能についての話が知られている。たとえば大分県の「日田天領水」などもその一つであろう。

　世界的に見た場合、このような話の著名なものとして「ルルドの泉」があげられる。これはフランス南西部のピレネー山脈のふもとにある小さな町の洞窟にあり、カトリック教会の聖地にもなって年間500万人もの巡礼者が訪れるという。ことの初めは1858年に村の少女ベルナデッタが洞窟のそばで薪拾いをしている時に聖母マリアに出会ったというものである。聖母の教示で洞窟の中に泉が見つかり、この水に奇跡的な治癒の効果があり、多くの巡礼者が訪れるようになった。教会側も奇跡と認めるには大変慎重で、これまでに2000を超す治癒例が説明不可とされ、数十例のみが奇跡と認定されたとのことである。認定されるまでの手続きが大変で最近では届けもあまり出されなくなったという。この泉の水を科学的に分析して、有機ゲルマニウムが含まれているとか、豊富な活性水素が検出されたとかの報告があるが、このような測定結果と奇跡的治癒との関係は現時点では定かではない、と受け止めておくべきであろう。

　このほか、メキシコのテラコテの水、ドイツのノルデナウの水なども知られている。

3 新しい水

　最近、「新しい水」、「機能水」ということばがよく聞かれ、その効能と共に宣伝されるようになった。どんな水がそれにあたるかというと「雪解けの水」、「磁気処理した水」、「電解処理した水」、「地下から

湧き出した特別な水」、等々である。その効能はいろいろあるが、「雪解けの水」を使うと植物の芽が早く出る、「磁気処理した水」を使うと、水アカがつきにくい、植物の生長が早い、コンクリート強度が上昇する、殺菌効果がある、「電解処理した水」は消毒作用がある、「ある土地の湧き水」は病気を治す効果がある、等々である。

　これら多くの報告は長い経験から言われていることで、決してうそではないと思われる。しかしながら、その学問的裏付けはどうかというと、なかなか難しいものがあり、断定的なことは言いにくい。他のいろいろな水についても、ルルドの霊水も含めて、それの持つ不思議な作用が、現在の技術では検出できないような微量の含有成分によるのか、あるいはクラスター構造（後述）のようなものに由来するものか、など、決定的なことは分っていない。これらに対するわれわれのとるべき姿勢は、いずれ科学的にきちんと説明される時が来ることを待つ、ということではなかろうか。これらはいずれも軽々には否定できない側面を持っている。ただ電解水の消毒作用については、科学的実験にも裏付けされて納得のいくものと思われる。

　一方、商業目当てのあやしげな「〇〇水」といったものも数多くあるので、注意してかかる必要があろう。これらを提供する側は、ある意味では真剣で、熱心なことは確かであるが、それらの科学的裏付けとなると、いまひとつ納得しきれないことが多い。

4　ポリウォーター事件

　あとになって間違いだったと判定された話題の中で、世界的に見てもよく知られているものとして「ポリウォーター」がある。「異常水」とも呼ばれた。これは1966年にソ連（今のロシア）の２人の科学者フェディヤキンとデリヤジンによって提唱されたものである。提唱者の一人デリヤジンは、当時、ソ連科学アカデミーの会員で水の研究で

も知られた学者であり、この話は全世界にパッと広がった。これは毛細管中に気体から凝結した水が異常な性質を示すというもので、その水は沸点が約300℃、密度1.4、粘性が通常の水の約10倍などというもので、しかも0℃以下になっても凍らないということであった。日本においてもこの件についての話題は大きく取り上げられ、化学会主催でも講演会が開かれたりしたほどであった。結局この異常性の原因は、単に水中に不純物が混入したためなどと片づけられ、あっけない幕切れとなった。

　この種の驚くべき内容の話は、時折現れては世界中の学者をあわてさせるものである。この事件以後にも、1989年に「常温核融合」の話が現れた。そもそも水素の核融合は太陽の中心部くらいの超高温（約1500万度）で起きるもので、世界の大国が巨費を投じてエネルギー問題解決に向けて努力しているがいまだ技術的に成功していないものである。もし常温で核融合が起きればすばらしいことであるが、この話も世界中の学者の追試実験の結果、結局は否定されてしまった。

　一方、その反対に、まゆつばものかと思いきや、それが本物で、ノーベル賞にまで結びついた例がある。これが「常温核融合」騒ぎの少し前1986年ことで、今日、「高温超電導物質」として知られているものである。どれが本当でどれがそうでないか、学生も研究者も注意が必要である。

5　水の特異性と水素結合

　水の科学に目を転じよう。水はわれわれにとって大変なじみ深い物質である。この化合物は、分子量18という軽くて小さな分子であるが、同じように軽くて小さい分子群の中では特異な性質を持っている、と言えるのである。この特異性は水のいろいろな物理的・化学的数値となって現れる。図1はある一連の物質の沸点を示したものである。

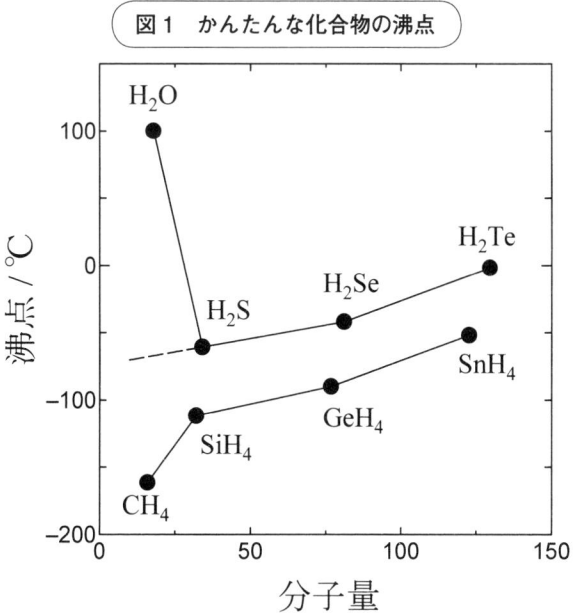

図1 かんたんな化合物の沸点

　まず、H_2O、H_2S、H_2Se、H_2Te の一連であるが、これは周期表第16族の上から酸素（O）、イオウ（S）、セレン（Se）、テルル（Te）と水素が結合した化合物である。これらの化合物の沸点が H_2Te、H_2Se、H_2S の順に一様に下がってきて、この傾向で行けば、H_2O の沸点はマイナス70℃位にあっても良さそうなのに一気にプラス100℃へと上昇している。これに反して、SnH_4、GeH_4、SiH_4、CH_4 の一連においては、その沸点は順々に下降して、CH_4 になって急に高くなることはない。この例に見られるような特異性は主として「水素結合」に由来するものと説明される。H_2O の場合、水素結合と呼ばれる作用によって水分子同士が引きあっているために、100℃の高温にならないと水分子同士の結合力を断ち切って沸騰することができないのである。水素結合とは水素原子 H と電気的に陰性な酸素原子 O とが水素原子を介して弱く結びつく結合 O−H⋯O をいう。O−H の部分は通常の原子間結合で、原子間距離は約 100pm、H⋯O の部分が水素結合の部分

19

図2 氷の結晶構造

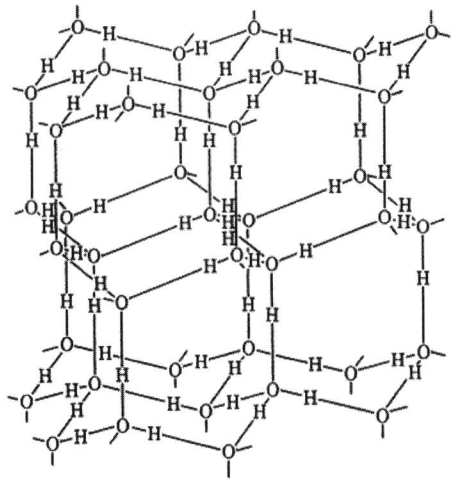

でこの原子間距離は約 175pm と長くなっているのが特徴である。この水素結合はいろいろなところで重要な働きをしている。

6　氷はなぜ水に浮くか

　氷が水に浮くのも水が持つ顕著な特異性の一つである。図2は氷の結晶構造を示している。この中の1つの水分子に注目すると、水の酸素原子からいわば4つの手が伸びていて、このうち2つには水素原子が結合してH-O-Hの分子となっており、あとの2つは、他の水分子からの水素原子と水素結合により結合している。そして、O-H部分の結合距離よりも H…O のそれが長いために、氷の結晶はすき間の多い構造となっており、したがって固体の氷が液体の水に浮いてしまうことになる。氷が水に浮くのはわれわれ日常見慣れていることで、当り前のように思うかもしれないが、実はこれは水の特異な現象の一

図3 DNA二重らせんにおける水素結合（点線部）

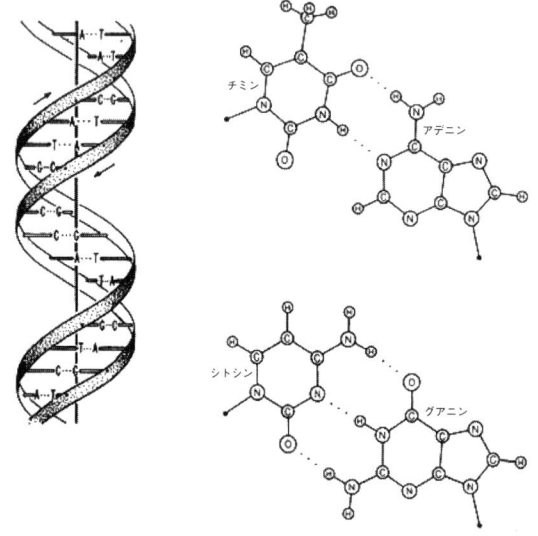

つであり、他の物質でこのようなことはみられないのである。

7　DNAの神秘

　水素結合は、われわれの生命維持活動、あるいは、親から子への遺伝現象に深くかかわっている。人間のみでなく、生命を持つもの全てにかかわっている。生命体のすべての情報は、DNA（デオキシリボ核酸）の中に書き込まれている（図3）。それは、4つの塩基アデニン（A）、チミン（T）、グアニン（G）、シトシン（C）の連鎖の仕方によって表現されている。このような連鎖が2本まとまって「二重らせん」を形成しているが、この2本のらせん鎖間にはしごの階段のようにAとT、GとCが水素結合を形成して結びついている。この際の水素結合力（約20kJ/mol）は、強すぎず弱すぎずの絶妙な大きさで、

ある時は2本の鎖を結びつけて二重らせんを形づくるが、ある時はこれが離れて2本の独立した鎖となり、この独立した1本の鎖が、その各部分において、AとT、GとCの結合が成立するように必要な相手の塩基を引き寄せて、新しい二重らせんを形成するのである。これにより親から子へと遺伝情報が伝わるのである。こうして人から人が生まれるわけで、人からカエルの子は生まれない。水素結合力が大き過ぎたら二重らせんはうまくほどけないであろうし、弱すぎたら1本らせんから二重らせんへの展開がうまく行かないことになり、遺伝も起こらないことになろう。この水素結合力の絶妙さは神秘的といってもよいのではなかろうか？

8　水は H_2O 分子の単なる集合ではない

こんどはコップの中の水を思い起こしてみよう。この中には、いわゆるアボガドロ数レベルのたくさんの水分子 H_2O が存在しているが、これらの水分子は、単に沢山の H_2O が寄り集まったものではなくて、水素結合により互いにくっついたり離れたりしている。図4はNemethyらによって示された液体状態の水を概念的に表したもので、水の集合体のある瞬間をとらえたもの、と考えてよい。1個の水分子が独立して存在するもの（単量体）、水素結合によって2つの分子が2量体として存在するもの、3つの分子が3量体として存在するもの、等々、図では6個の分子がつながったものまでが表現されている。これらのかたまりの一つひとつをクラスターと呼ぶ。どんな分子数のクラスターが優勢かなどは、学者による意見も必ずしも一致していないが、とにかく分子数5あるいは6あたりは5員体あるいは6員環のモデルが容易に考えられ（図5）、これらのクラスターが多そうだという見当はつけられる。ただ注意すべきはこれらのクラスターは動的にかつ高速に変化しており、一つの水分子はどれかのクラスターに属し

図4 水のクラスター

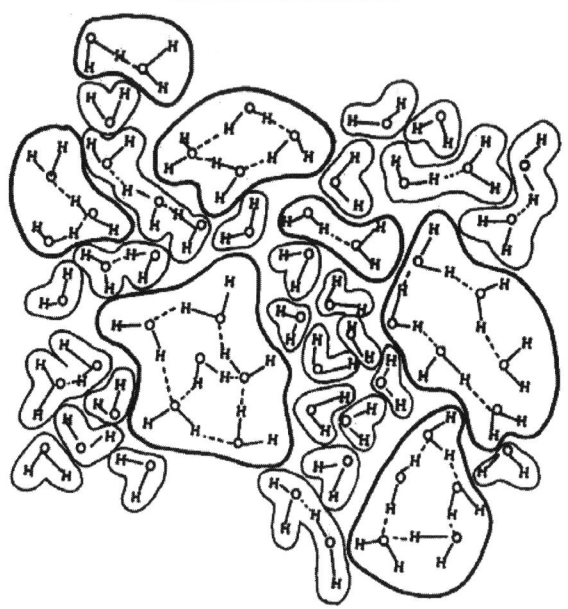

図5 水の5員体（左側）と6員環（右側）

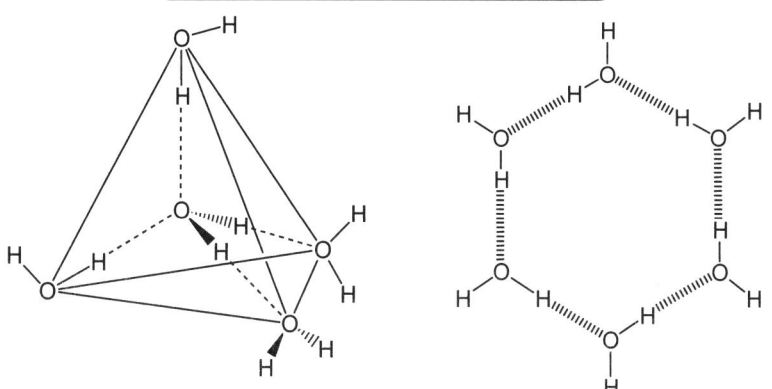

たり、また離れたりすることを非常に高速に（ピコ秒程度と言われる）繰り返しているのである。

9 水の各種研究法など

水に関する研究法はいろいろあるが、基本的には19世紀から20世紀前半にかけて物理化学的研究によって獲得された知識が基盤になっており、この基礎の上に、戦後の新しい大型機器測定法による研究成果が付け加えられてきたと言える。新しい測定手法として代表的なものは、X線回折法、核磁気共鳴法（NMR）、赤外分光法、質量分析法、分子動力学法、等々である。紙数の関係もあるのでこれらの一部について述べ、最後に筆者が研究している高周波分光法の成果について述べる。

10 「正の水和」、「負の水和」

始めに水和とは何かについて考えるとしよう。水に食塩水 NaCl を溶かした場合を例にとると、Na^+イオンの周りには水分子が引き寄せられている。H_2O の酸素原子の部分が、マイナスの電気を帯びているので、酸素原子が Na^+イオンのほうに向くようにして、6個の H_2O 分子が Na^+イオンを取り囲むのである。この6個の水分子（これを第1水和圏とよぶ）の周りにはさらに別の水分子20〜30個が取り囲んで（第2水和圏という）結果として Na^+イオン単独の場合よりエネルギー的に安定になっている。このような状態を水和という。水和した水分子はいつまでも Na^+イオンに近接して存在するとは限らず、第2水和圏の水分子と交換したり、また第2水和圏の水分子はその外側の水分子（ここを第3水和圏ともよぶが、これはバルク水である）

とも激しく交換しているのである。

さて、「正の水和」というのは、第1水和圏の水がその外側の第2、第3水和圏の水よりも長い時間そこに停留している状態をいい、これは中心金属のイオン半径が比較的小さいか、あるいはイオンの価数が2価あるいは3価といった多価のイオンの場合に見られる現象である。なぜかというと小さいイオン半径の場合のほうが、水分子のマイナス部分をより近くに引き寄せることができて、それだけ安定するからであり、また、多価イオンは1価イオンよりも強く水分子を引きつけるからそれだけ安定化するのである。

一方、KClを水に溶かした場合を考えると、K^+イオンの周りに第1水和圏、第2水和圏そして第3水和圏が存在するのは同じであるが、意外なことに第1水和圏の水がその圏内に滞留する時間が、第2水和圏の水よりも短いと考えられるのである。なぜこのようなことが起きるかというと、K^+イオンがNa^+イオンよりイオン半径が大きいために水分子との距離が大きく、よってこの水分子はK^+イオンと引き合うよりむしろまわりの水分子とより強く引き合う（相互作用する）ということに起因する。つまりK^+イオンにより近い第1水和圏の水分子のほうが、外側の第2水和圏の水よりも滞留時間が短くなってしまうのである。これを「負の水和」と呼ぶ。NaClとKClは化学物質としては似ているもので、ためしになめてみるとどちらも塩のようにしょっぱいのである。また出血などした場合、NaClの水溶液は生理的食塩水ということで、これを注射して生命維持につなげられることはご存知であろう。ところが、ここでKCl水溶液など注射したら大変で、人は死んでしまう。化学的によく似ているNaClとKClが、この点で画然と違った作用をするのは不思議なことである。この両者の違いは一方が正の水和であるのに対し、他方は負の水和ということに関係している。人間のからだの中の細胞は、細胞内はK^+イオンが多く、細胞外は、Na^+イオンが多くなって全体のバランスが保たれている。このような時に血中に多量のK^+イオンが注入されると前記の細胞内

外の濃度バランスが崩れて細胞が生きていられなくなるものと説明される。似たもの同士なのに生理作用に限って正反対の振る舞いをなすとは不思議なことである。ちなみに周期表を眺めてもNa^+とK^+の中間のイオン半径を持つイオンは存在しない。

11　X線回折

　X線分析というと、通常は固体の試料に対して行うものと思われるが、実は液体の水に対してもX線回折の手法を適用することが可能なのである。これはごく短い時間内では、ある水分子のまわりの状況が、固体に似た秩序性を保っているからである。よってX線照射に対して、本来なら固体にしか見られないような回折現象を示すこととなる。図6は、水と氷のX線測定における動径分布曲線を示したものである。下側の氷の場合について見ると、横軸の距離座標の0Åの位置が、中心の水分子の位置を表している。そして、2.7Å辺りに鋭いピークがあるが、これが一番近くの"お隣さん"の水の位置を示している。その先、4.5Å付近さらに5.3Å付近にもピークが見られるがこれらはもう少し遠い位置にある水分子に相当している。これに対して、上側の25℃の水に対する動径分布曲線は、氷の場合に比べてピークがぼけた感じがするが、それでも2.7Å辺のピークは氷と一致している。その次の4.5Å辺はピークが幅広のぼやけたものになってはいるが、それでも氷の場合におけるピークと位置が対応していることが見える。これらのことから、氷が液体になっても近距離では氷の時と似た秩序性を保存している、ということが伺える。液体の水については、さらに50℃あるいは100℃を超えた温度における測定[1]もあり、このような高温においても動径分布曲線を調べるといわゆる近距

1）圧力をかけて水の蒸発を防いだ状態で測定する。

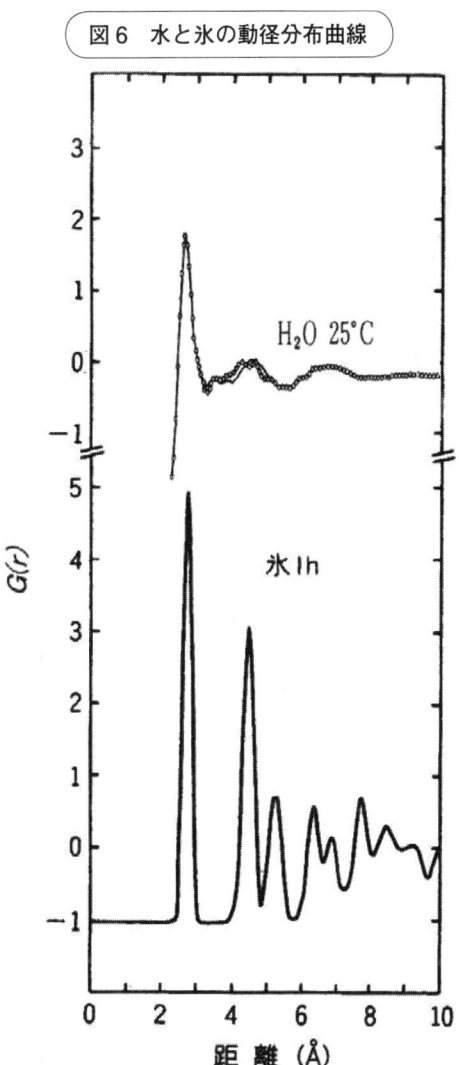

図6 水と氷の動径分布曲線

離秩序の存在が認められるのである。

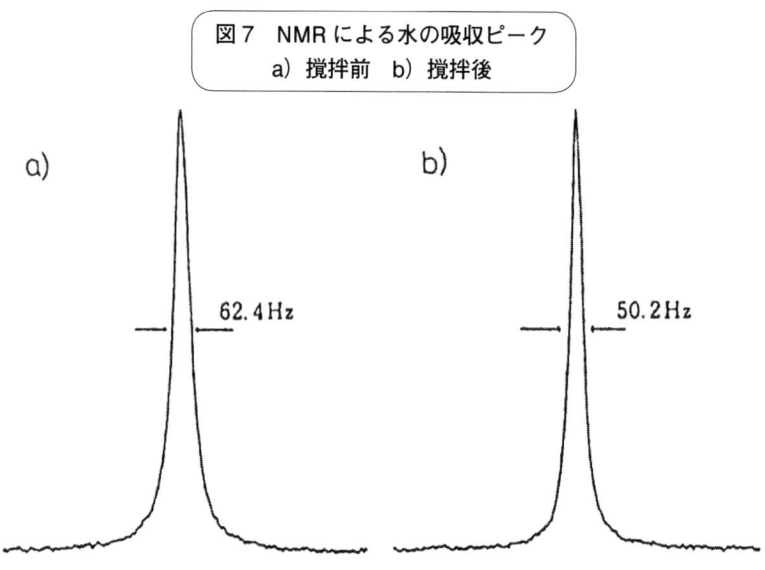

図7 NMRによる水の吸収ピーク
a) 撹拌前　b) 撹拌後

12　核磁気共鳴法（NMR）

　NMRを用いて水分子中の水素核（^{1}H）や酸素核（^{17}O）を観測することは多く行われている。とくに水の運動性に関してNMR観測は有力である。水分子の水素核とその近くに位置する他の水分子の水素核との磁気的相互作用のために、その吸収ピークの幅が広がりをもったものになる[2]。この時水の温度を上げてやって、熱運動を活発にしてやると磁気的相互作用が平均化されて、ピーク幅は狭くなることが知られている。このことを「運動による線幅の狭まり（motional narrowing）」という。これは逆に言えば、NMRのピーク幅の変化から水の運動性の変化を知ることができる。

　図7は水をガラススポイトで撹拌する前後のNMRスペクトルを示

2）近くに存在する多くの水素核による磁気を感じて、共鳴幅が広くなっている。

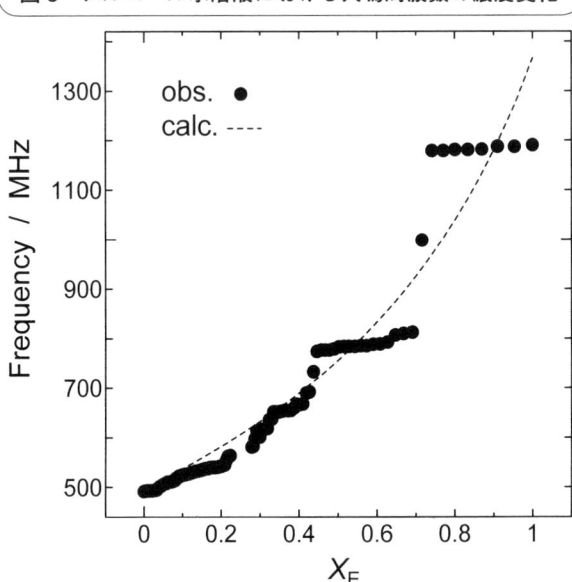

図8　アルコール水溶液における共鳴周波数の濃度変化

$X_E = 0$ および 1 の所がそれぞれアルコール濃度 0 および 100％に相当する。

している。攪拌前よりも攪拌後のほうのピーク幅が狭くなっている。測定している温度はいずれも25℃で同じである。これの解釈としては、スポイトによる物理的攪拌によって、水のクラスターが細分され、より分子数の少ないクラスターが相対的に多くなったものと解釈される。そしてそのぶん運動性が活発になったものと考えられる。

13　高周波分光法

(1) アルコール水溶液

ビーカーの中のアルコール水溶液は、よく攪拌さえしてやれば、どこもかしこも一様で、かつ、アルコール濃度を徐々に高くして行っても状況は同じであると考えられる。ところがミクロ的に見ると溶液構

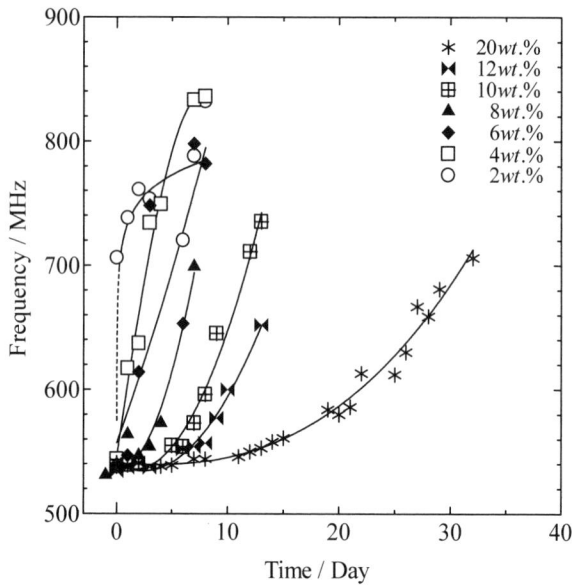

図9 乳化剤添加量を変えて調製したエマルションにおける共鳴周波数の時間依存性

造はなめらかに変化してはいないことが見られるのである。このことは質量分析やほかの研究結果からも指摘されている興味深いことがらである。そこで種々のアルコール水溶液に対して高周波分光測定を行い、得られるスペクトルピークの共鳴周波数変化を追跡した。図8にエタノール水溶液の測定結果を示す。図から明らかなように、いくつかのエタノールモル分率（X_E）で、共鳴周波数がステップ状に変化していることが分かる。共鳴周波数のステップ状変化は、X_E=0.08、0.22、0.43、0.73付近で観測されている。これらの濃度のうちX_E=0.43を除く濃度は、NMRや質量分析の研究においてエタノール水溶液の物理化学的性質が変化すると指摘されている濃度と良く一致している。これらの事実は、分子レベルで見た場合に水とアルコール分子の絡み具合が必ずしもなめらかに変化するものではないということを示している。

(2) エマルションの安定性評価への応用

　エマルションとは、水と油のように本来混ざり合わない2種類の物質において、一方の連続相中に他方が微粒子となって分散したものである。このエマルションは、医薬品、化粧品、そして食品分野などで広く利用されている。たとえばヘヤーオイルや牛乳などもエマルションの一種である。これらは熱力学的に不安定であるため、時間が経つと最終的には2相に分離してしまう。このため、エマルションの安定性を予測する技術、つまり2相への分離を初期段階で検出する技術は、品質保証や品質管理の面から重要である。

　そこで種々の条件で調製したエマルションについて高周波分光測定を行い、エマルションの分離過程における測定値変化を調べた結果を図9に示してある。いずれの試料も時間経過に伴い、共鳴周波数が低周波数側から高周波数側へとシフトしている。高周波シフトの割合は、乳化剤添加量が増えるに従って緩やかとなっている。すなわちここの例では乳化剤を多く使ったエマルションは品質が変化しにくいことが分かる。

Part 3

第3篇

身の回りの化学
——水と空気そして、過去から未来まで——

西本 右子

1 はじめに

「化学」や「化学物質」は、「日常生活とはかけ離れたどこか遠い世界での話」と思い、「危ない香り」さえ感じている人も多いかもしれない。しかし、私たちの日常生活から「化学」を切り離してしまったら、江戸時代どころか人類の始まりの時代まで戻らなければならない。毎日生活する上で、なくてはならない衣食住はもとより、空気や水も化学物質からできている。ここでは、水と空気を例に身の回りの化学について考えてみよう。

2 空気の化学

私たちは空気無しでは生きていくことができない。空気の主な成分は誰もが知っているように酸素と窒素であるが、他にはどのような成分が含まれているのか。最近耳にするようになった「温室効果ガス」や「室内空気汚染」の原因物質も含まれているはずである。

表1 温室効果ガスの排出状況

(単位 1000,000tCO$_2$)

	基準年度の排出量		2006年度実績	2012年目標値
エネルギー起源 CO$_2$	1059	1990年度	1186	995.5
非エネルギー起源 CO$_2$	85.1		87.7	80.0
CH$_4$	33.4		23.6	31.4
N$_2$O	32.6		25.6	30.6
代替フロン等3ガス（HFC、PFC、SF$_6$）	51.2	1995年度	17.3	48.1
合計	1261		1340	1185

出所）平成20年版　環境・循環型社会白書を参考に作成

　2008年京都議定書の第一約束期間が開始された。日本は、温室効果ガスの排出量を2012年までに基準年度比で6％削減しなければならない。また2050年には温室効果ガスの排出量を80％削減することが2009年のG8ライクラ・サミットで支持された。では温室効果ガスとはどのようなものなのであろうか。表1に温室効果ガスとその排出状況を示した。代替フロン等3ガスとよばれるハイドロフルオロカーボン（HFC）、パーフルオロカーボン（PFC）、六フッ化硫黄（SF$_6$）は、オゾン層破壊効果はないものの強力な温室効果ガスである。HFCはメタンやエタンなどのアルカンのHを1個またはそれ以上Fで置換した分子であり、HをすべてFで置換した分子をPFCとよぶ。表2に代表的な温室効果ガスの名称・化学構造及び大気中での寿命を示した。これらのガスは濃度が高くなると地表からの放射熱（赤外線）を吸収する。その結果、地表付近の温度が上昇すると考えられている。空気中の二酸化炭素（CO$_2$）の平均濃度は、空気中の分子数の割合で表せば、季節変動はあるものの産業革命前では280ppm（1ppm＝百万分の1個）程度で1万年もの間一定であったが、毎年増

表2 代表的な温室効果ガスと大気中での寿命

	名称	代表的な化合物（名称）	大気中での寿命（年）
CO_2	二酸化炭素		
CH_4	メタン		12.2
N_2O	一酸化二窒素		120
HFC	ハイドロフルオロカーボン類	CHF_3（HFC-23）	243
		CH_2F_2（HFC-32）	5.6
		C_2HF_5（HFC-125）	32.6
		$C_2H_2F_4$（HFC-134a）	13.6
PFC	パーフルオロカーボン類	CF_4（PFC-14）	50000
		C_2F_6（PFC-16）	10000
SF_6	六フッ化硫黄		3200

出所）第6版　化学便覧　応用化学編（丸善）を参考に作成

加傾向にあり、2007年には世界平均で383ppmと報告されており、主な増加の原因は化石燃料の燃焼によるといわれている。この他に、2007年の世界平均でメタン（CH_4）は1789ppb（1ppb＝1億分の1個）、一酸化二窒素（N_2O）は321ppbで、いずれも増加傾向である。表3に主な温室効果ガスの世界平均濃度を示した。

　次に室内へ目を向けてみよう。表4は室内で測定された化合物の例を示した。多種の化合物が室内に存在することが分かる。これらの化学物質の発生源は表5に示すように様々である。特に建造物の構造に由来する場合は、後から変更することが困難である。2003年7月から施工された改正建築基準法により、シックハウス対策のための規制が導入された。ホルムアルデヒド（HCHO）については規制対象物質であり、表中に下線をつけて示した計6物質は住宅性能表示で濃度測定が可能である。また厚生労働省により化学物質の室内濃度の指針値も示されている。これらの物質は揮発性を有し、大気中で気体状とな

表3 主な温室効果ガスの世界平均濃度

	CO_2(ppm)	CH_4(ppm)	N_2O(ppm)
2007年の世界平均濃度	383.1	1.789	0.321
最近10年間の世界平均濃度増加量	2.00	0.0027	0.00077

出所）WMO温室効果ガス年報（気象庁訳）を参考に作成

表4 室内で測定された化合物の例

	測定された化合物の例
脂肪族炭化水素	ヘキサン、ヘプタン、オクタン、デカン、ウンデカン、ドデカン、トリデカン等
芳香族炭化水素	ベンゼン、トルエン、キシレン、エチルベンゼン、エチルトルエン、トリメチルベンゼン、スチレン等
エステル	酢酸エチル、酢酸ブチル等
アルコール	メタノール、エタノール、プロパノール、ブタノール等
アルデヒド	ホルムアルデヒド、アセトアルデヒド
ケトン	メチルエチルケトン、メチルイソブチルケトン等
ハロゲン化炭化水素	塩化メチル、トリクロロエタン、トリクロロエチレン、パラジクロロベンゼン、塩化ビニルモノマー等
テルペン	リモネン、αピネン等

る有機化合物であり、VOC（揮発性有機化合物）とよばれる。VOCは大気汚染の原因にもなり、2006年4月からVOC排出規制が始まっている。私たちの研究室では、建材から発生するVOCの迅速測定法や、室内に利用できるVOC吸着剤の吸脱着性能の評価法の研究を行っており、現在のところ、建材については1g、2時間で、VOC吸着剤については50mg、2時間で評価できる。またVOC吸着剤には建築廃材やオカラやリンゴの絞りかすなどのバイオマスを焼成して調製した炭素材料が有効であることも分かってきた。

地球が生まれた頃の約46億年前の大気は水素やアンモニア、メタ

表5 室内で測定された様々な化合物の発生源

要因	考えられる発生源の例
構造に由来 ↑ (後からの変更が困難) ↕ 生活に由来 ↓ (後からの変更が可能)	床材、構造材、壁材
	天井材、接着剤、シール剤
	壁紙、ワックス、塗料
	空調機、暖房機、家具、
	カーペット、カーテン
	料理、喫煙、殺虫剤、防虫剤、防カビ剤、
	洗剤、衣類
	化粧品、文具、芳香剤、消臭剤、スプレー

表6 空気の成分と組成

25℃、1気圧（101325Pa）

	通常の空気（体積％）	乾燥空気（体積％）
N_2	76.6	78.1
O_2	20.5	20.9
H_2O	2.0	—
Ar	0.90	0.95
CO_2	0.034	0.035
Ne	0.0017	0.0020
He	0.00050	0.00052
Kr	0.00010	0.00011
Xe	trace	

ン、水蒸気などからなり、酸素はなかったが物質としての水は存在していたとされる。その後、海が出現し、35億年前くらいには地表温度も低下してきた。やがて生命が誕生し、現在の大気の組成に近づいていく。表6に現在の乾燥空気と通常の成分と組成を示した。地上か

ら高さ80kmまでの大気を構成する水以外の成分の割合は一定である（ここではCO_2量として0.034％の値を用いた）。水は季節や気候、気圧による変化が大きい。次に水について考えてみよう。

3 水の化学

30年くらい前まで日本では水と空気はタダといわれてきた。現在は飲料水は買うものであり、空気清浄機と浄水器を備えた家庭が増えてきている。日本で上水が作られたのは400年以上前の小石川上水と伝えられ、玉川上水が完成したのが約350年前であるといわれている。日本ではじめて水が売られたのも江戸時代の「水屋」であったと伝えられている。

現在の地球にはどのくらいの水がどのような形で存在しているのか。雨や雪として地上に降った水は川に流れ、海や湖に入り、一部は地下にしみこんで地下水となり、海の水が蒸発して雲ができ、また雨や雪となって地上に降る。水は地上の温度で固体（氷）、液体（水）、気体（水蒸気）の3つの状態（三態）で存在できるため、このように地球上の水は絶えず循環している。表7に地球上の水環境の分類とその体積、滞留時間を示した。地球は水の惑星といわれるように、多くの水が存在しているが、我々が生活や産業用水として利用できる河川水や湖沼水（淡水）は非常に少ないことが分かる。

私たちの体にはどれくらいの水があるのか。ヒトの場合、新生児で体重の約80％、成人男子で約60％、成人女子で約54％が水分である。年齢と共に体の水分量は減少し、高齢者では50％以下になるといわれる。人体の水分量がはじめて測定されたのは19世紀末であり、直接乾燥することで測定されている。その後20世紀半ばになると、動物や細胞を用いて重水素やトリチウムを含む水を用いた代謝実験で水分含量が求められるようになっていく。体重50kgの人を例にとると、

表7 地球上の水環境の分類とそれぞれの体積、滞留時間

分類	vol/10^{15}L	vol%	滞留時間
海洋	1319800	97.2	4000 年
氷河・氷山	29000	2.15	15000 年
地下水（浅）	4200	0.31	数時間〜1 万年
地下水（深）	4200	0.31	数百年〜10 万年
淡水湖	125	0.009	10 年
塩水湖等	104	0.008	―
懸垂水	66.6	0.005	2〜50 週間
大気	12.9	0.001	10 日
河川水	1.1	0.0001	2 週間
生物圏	0.5	0.00005	―

　50gのD_2O（重水）を経口投与し、3時間後の尿中のD_2O濃度を測定する。測定値が0.179%（w/v）であれば、総体水分量（尿中の濃度の投与量に対する割合）は27.9となる。体脂肪量を除いた生体に対する体水分量の割合が73.2%で一定であることから、体脂肪率もこの方法で測定される。脊椎動物では、生息する場所に関係なく、コイでもワニでもヤギでも含水量は70-80%である。

　では私たちは毎日どれくらいの水を必要としているのであろうか。表8に示したように成人では1日約2.5Lの水を様々な形で摂取し、排出している。このうち飲用として摂取する水の多くを占めるようになってきたペットボトルで販売されている飲用水についてみてみよう。表9に示すように、農水省のガイドラインでは原水と処理方法によって4種に分類される。成分やpH、硬度などの表示がされている製品も多い。表10には現在販売されているボトルドウォーターのいくつかについて表示されている成分等を示した。pHでは6付近から10近くまで、硬度でも1未満から1500mg/L付近までと非常に範囲が

表8 1日の水の収支（成人の場合）

摂取量（mL/day）		排出量（mL/day）	
食物	1000	尿	1400
流動物	1200	汗	600
酸化	300	呼吸	300
		糞便	200
合計	2500	合計	2500

表9 ミネラルウォーター類（農水省の品質表示ガイドラインによる）

品名	原水	処理法
ナチュラルウォーター	特定水源より摂取された地下水（A）	ろ過・沈殿加熱滅菌に限る
ナチュラルミネラルウォーター	（A）のうち地下で滞留または移動中に無機塩類が溶解したもの	
ミネラルウォーター	特定水源より摂取された地下水	複数の原水の混合、調整、殺菌処理可
ボトルドウォーター	飲料に適した水	処理方法限定無し、殺菌必要

広いことが分かる。これらの成分については滴定や分析装置による定量はもちろん、市販されている水質試験キットなどでも簡易測定を行うことができる。

　今世紀は水の世紀といわれる。未来への可能性を秘めた水の使い方として、水道水などに低エネルギー処理を施し、機能を持たせた「機能水」とよばれる水もある。機能水とは日本機能水学会によって「人為的な処理によって再現性のある有用な機能を付与した水溶液の中、処理と機能に関して科学的根拠が明らかにされた（及びされようとしている）もの」と定義されている。代表例は食塩を少量添加した水道水を電気分解した陽極水である「電解酸性水」や陰極水の「アルカリ

表10 市販されている飲用水に表示されている成分の例

商品名	Na (mg/L)	Ca (mg/L)	Mg (mg/L)	K (mg/L)	pH値	硬度	その他の成分
A	11.6	11.5	8	6.2	7	60度	―
B	9.4	468	74.5	2.8	7.4	1468mg/L	硫酸塩 1121mg/L
C	10	3.4	19	0.2	7.8	85mg/L	
D	11.3	6.4	5.4	1.8	―	38mg/L	V：55μg/L
E	7	80	26	―	7.2	304度	
F	16	12	5.2	0.6	8.8〜9.2	51mg/L	
G	60	―	―	―	9.5	1.0mg未満	温泉成分
H	5.1	7.3	2	0.7	―	26mg/L	
I	5.6	3.6	1.4	1.6	7.1	14	灰分 1g/L
J	3.5	7.1	1.2	0.4	―	20mg/L	
K	3.8〜7.6	7.5	2.5	1		29mg/L	V：62μg/L
L	50	0.5	0.1	0.8	9.5〜9.9	1.7mg/L	―
M	80	13	64	16	9.1〜9.7	58mg/L	
N	0.77	9.4	2.0	0.50	7.8	315mg/L	
O	1.60	2.10	1.10	0.21	―	―	DO：120ppm
P	2.62	0.55	1.64	0.55	―	80	海洋深層水 100%

イオン水」などであるが、磁気処理水などこれまで有用とされながらメカニズムの解明に至っていなかった各種の機能水の研究が進んでいる。私たちの研究室でも、安全で環境に優しい機能水として、電解水

をはじめ磁気処理水、超音波処理水などについて、有効な調製法、使用法やメカニズムの研究を行っている。

4　おわりに

　身の回りの化学について、空気と水を中心に述べた。界面活性剤で顔を洗い、タンパク質の熱変成やデンプンの糊化の実験結果としてのご飯と目玉焼きの朝食をとり、暑い日には汗を吸ってくれるようにOH基が多い綿のシャツを着て出かける。このように、朝起きてからの生活を考えてみても分かるように私たちは化学無しには暮らしていけない。化学の知識と考え方は生活者としても役に立っていると考える。身の回りを見渡して、少し考えてみませんか。

Part 4

第4篇
現代社会を支えるケイ素
―― 半導体からシリコーンまで ――

加部 義夫

　ケイ素は周期表で炭素と同族である（図1参照）。この族に属する元素としてはケイ素の下にゲルマニウム・スズ・鉛が位置する。炭素が生物の体をつくる元素であるのに対して、ケイ素は無生物の骨格をつくる元素である。さらにそれらの元素は炭素が、グラファイトやポリアセチレンなどをのぞくと一般に電気を通さない非金属であるのに対して、ケイ素以下の元素は単体が金属光沢をもつ半導体である。このうち原子番号82の鉛は天然および人口の放射性元素が放射壊変して最後に安定に落ち着く元素である。現在では環境問題からステンレス製にとってかわったが鉛板は耐酸・耐アルカリ性が高く実験室の流しに使われていた。さらに鉛は放射線を良く吸収するので放射性化合物の容器としては今も活躍している。このようにケイ素を含む14族の元素は同族であるにもかかわらず多様性に富んだ元素たちである。たとえばケイ素は炭素と似て非なる元素で、その最も簡単な水素化物のモノシランは、炭素化合物のメタンが常温で安定な気体であるのに対して、空気中で爆発的に酸化され、半導体関連工場の爆発事故の原因となっている（図1参照）。そのため配管設備のない化学実験室ではモノシラン関連のガスは購入も使用も規制されている。一般にケイ素の化合物はその酸化の程度が進むにつれて金属ケイ素・ポリシラ

図1　14族元素と水素化物

C
Si
Ge
Sn
Pb

メタン　　　　　　　　　　　　　　　　モノシラン

H → F　　テトラフルオロシラン
H → Cl　　テトラクロルシラン
H → CH$_2$CH$_3$　テトラエチルシラン

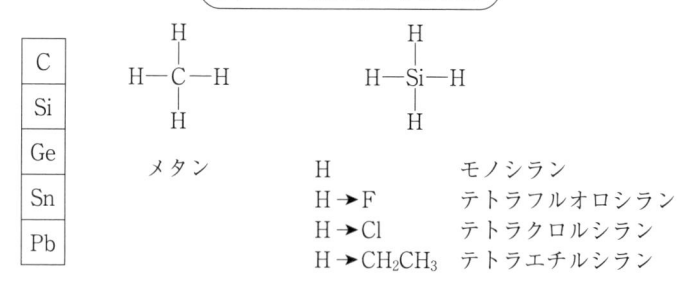

図2　ケイ素化合物の酸化状態と用途

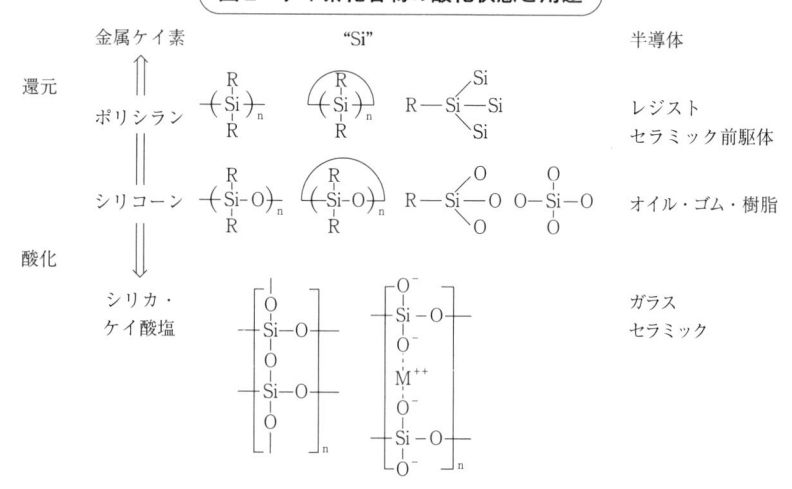

金属ケイ素　　　　　　　"Si"　　　　　　　　　　　　半導体

還元　　ポリシラン　　　　　　　　　　　　　　　　　　レジスト
　　　　　　　　　　　　　　　　　　　　　　　　　　セラミック前駆体

　　　　シリコーン　　　　　　　　　　　　　　　　　　オイル・ゴム・樹脂

酸化

　　　　シリカ・ケイ酸塩　　　　　　　　　　　　　　　ガラス
　　　　　　　　　　　　　　　　　　　　　　　　　　セラミック

ン・シリコーン・ケイ酸塩の4つに分けられる（図2参照）。金属ケイ素は半導体としてマイコンやコンピューターの心臓部に使われ、シリコーン（Silicone）は人工の無機高分子として日常の化成品の中に広く見つけることができる。これ以降この4つの分類に従ってケイ素の化学を紹介する。

　ケイ素の元素名はシリコン（SLICON）で火打石（flint）を意味するラテン語のSilexに由来する。18世紀にテトラフルオロシランがシーレにより、19世紀に入ってテトラクロルシランやモノシランがベ

表1　地球表層部の元素分布の割合（%）——クラーク数

順位	元素	百分率（%）
1	O	49.5
2	Si	25.7
3	Al	7.5
4	Fe	4.7
5	Ca	3.4
6	Na	2.6
7	K	2.4
8	Mg	1.9
⋮	⋮	⋮
14	C	0.08

リツェリウスやウェーラーにより合成されている。さらには蒸留で精密な原子量を求めるためにフリーデルとクラフトにより最初の有機ケイ素化合物であるテトラエチルシランも合成されている（図1参照）。ところで18世紀後半メンデレーフがはじめてつくった周期表は元素をこの原子量で並べてつくられた。その当時未発見だったエカシリコンすなわち現在のゲルマニウムの塩化物の物性が見事に予測された。種々の元素の地球表層の存在割合（クラーク数）はケイ素が気体元素の酸素をのぞくと実質最も多く、約25％を示し他の元素を圧倒している（表1参照）。化石資源である石炭・石油の炭素はわずかに0.08％である。もし人類が今後ケイ素を資源とした社会を実現できれば遠からず資源問題は解決されるだろう。しかし実際に資源として用いることが可能なケイ素は99％以上の高純度のケイ砂であり、その産出は限られている。かつてはノルウェーや南米で採掘され現地の安価な電力を利用して金属ケイ素が製造された。今では発展著しい中国からの金属ケイ素が半導体およびシリコーンの原料として使われる。

図3 ケイ砂からケイ素製品までに流れ

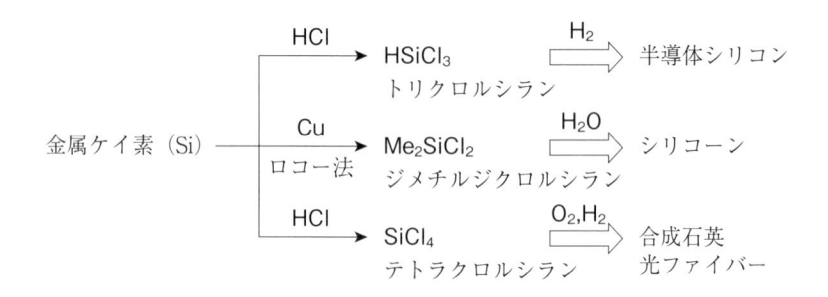

$$\text{ケイ石 (SiO}_2\text{)} \xrightarrow{\text{炭素 (C)}} \text{金属ケイ素 (Si)} + CO_2$$

金属ケイ素 (Si) →
- HCl → $HSiCl_3$ トリクロルシラン $\xrightarrow{H_2}$ 半導体シリコン
- Cu ロコー法 → Me_2SiCl_2 ジメチルジクロルシラン $\xrightarrow{H_2O}$ シリコーン
- HCl → $SiCl_4$ テトラクロルシラン $\xrightarrow{O_2, H_2}$ 合成石英 光ファイバー

金属ケイ素はケイ砂を還元して製造される（図3参照）。しかし製鉄と較べて電気炉で3000度以上の高温に加熱を必要とする。そのためにケイ素関連製品が石油系製品より1桁高価になるのはすべてこの電気代がコストに反映していると考えて良い。金属ケイ素を塩酸と反応するとトリクロルシランとテトラクロルシランが生成するが、どちらも低沸点の液体で容易に気化することができる。トリクロルシランのガスを水素で分解すると99.999999999％（9が11個）のイレブンナインの高純度多結晶シリコンが製造される（図3参照）。一方テトラクロルシランのガスを酸素・水素で分解すると高純度石英（シリカ）や光通信に使われる光ファイバーが製造される。ケイ砂と同じ主鎖骨格にメチル基などが有機側鎖をもつシリコーン高分子はロコー法と呼ばれる方法でつくられる。金属ケイ素と塩化メチルと銅触媒の気体・固体からなる反応でジメチルジクロルシランを合成し、これを加水分解することで製造される（図3参照）。

かつて日本は世界一の半導体生産国であった。その歴史が1991年NHKスペシャル「電子立国日本の自叙伝」として放映されその後出版もされた。半導体の開発に携わった日米の研究者や技術者のロマンが感じられぜひ一読をおすすめする。半導体の開発はその材料とし

図4 点接触型（上左）、太陽電池（上右）と接触型トランジスター（下）の概念図

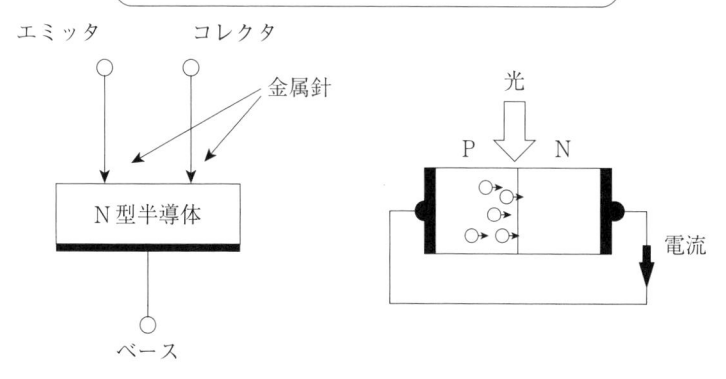

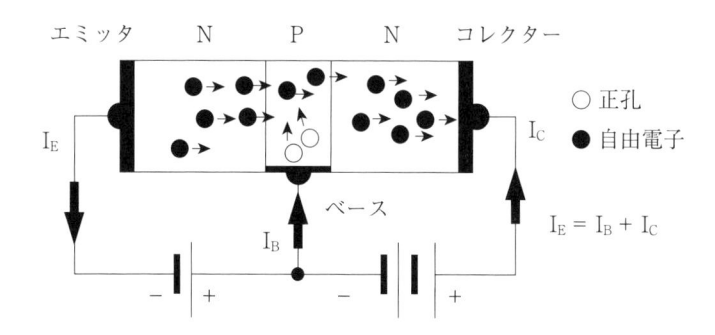

てケイ素ではなくゲルマニウムを扱うところから始められた。ケイ素の融点が1400度であるのに対して、ゲルマニウムの融点は937度と低く加工がし易いことがその理由である。そもそもベルが電話器を発明しその音声信号を増幅して米大陸に電話回線を敷設するのに最初は真空管がつかわれた。しかし真空管は球切れを起こすために、米国ベル研究所バーディーンとブラッテンによりこれにかわる個体素子としてゲルマニウム点接触型トランジスターが開発された（図4参照）。14族のケイ素やゲルマニウムに15族のリンやヒ素などを少量添加すると結合電子が過剰になり自由電子が発生しN型半導体となる。一方13族のホウ素やアルミニウムを少量添加すると結合電子が不足し

図5　N型半導体（右）およびP型半導体（左）

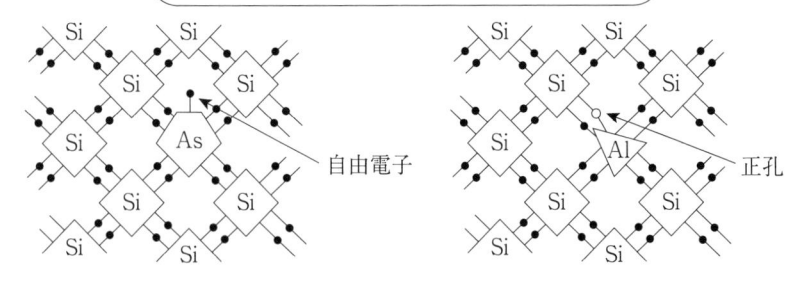

て正孔が発生しP型半導体となる（図5参照）。このN型半導体に2本の針（エミッターとコレクター）を接触して電流増幅を行うのが点接触型トランジスターであるが、その再現は困難を要した。そして同じくベル研のショックレーにより針のない接合型トランジスターの原理が発明されるとトランジスターの本格的な開発が始まった。PN接合型トランジスターは2極真空管と同じ整流作用を示し、NPN型（またはPNP型）トランジスターは3極真空管と同じ増幅作用を示す。NPN型トランジスターを例にとるとそれぞれの領域はエミッタ、ベースおよびコレクターと呼ばれ、エミッタとベース間には順方向の電圧がかかる（図4参照）。エミッタに電子が注入されると一部はベースの正孔と再結合して消滅するが、ベースの厚みが非常に薄いので大部分は拡散してコレクターまで到達する。ベース・コレクター間には逆方向の電圧がかっているので電子は加速されたコレクターに収集される。トランジスターの信号はベースに乗せて入力され、増幅作用はコレクター電流I_C、エミッタ電流I_Eとベース電流I_Bとすると電流増幅率$\alpha = I_C/I_E$と電流利得$\beta = I_C/I_B$で表わされる。すなわち$I_E = I_B + I_C$から$\beta = I_C/I_B = I_C/(I_E - I_C) = (I_C/I_E)/(1 - I_C/I_E) = \alpha/(1-\alpha)$が成り立つ。$\alpha$が0.98のとき$\beta = 49$となり信号（$I_B = 1mA$）の出力（$I_C = 49mA$）が49倍に増幅されることになる。当時溶融したゲルマニウムに種結晶を接触して徐々に引き上げることで単結晶を成長させるときに不純物を添加しながらNPN型の三層接触型のゲルマニウムトラ

ンジスターが製造されていた。しかし不良品の続出で歩留まりは数％とひどい状態だった。それでも米のテキサスインスツルメント社と日本の東通工（現ソニー）がゲルマニウムトランジスターラジオの開発生産にこぎつけた。この歩留まりを解決する過程で当時東通工の江崎がトンネル効果を見出し後にノーベル賞を受賞することになる。

　結局、ゲルマニウム半導体は熱に弱く劣化し易いことが次第に明らかにされるとシリコン半導体の開発が模索された。シリコントランジスターの開発で鍵になった技術が、やはりベル研のフラーによるガス拡散法とフロッシュによるシリコン酸化膜の発見である。シリコンはゲルマニウムと異なり約1000度でＮ型およびＰ型不純物を半導体基盤中に固体拡散することができ、さらに約1300度の水蒸気にさらすと表面を安定な酸化膜で覆うことができる。この２つの技術とレジストと呼ばれる感光剤の光反応、さらにフッ化水素で酸化膜をエッチングできることを利用してシリコンウェファに電気回路をサブミクロンオーダーで転写し形成することができるようになった。トランジスターからICさらには集積回路（LSI）に発展し現在の情報社会をつくるマイコンやコンピューターの製造を支えている。そしてその発展にはいくつかのエピソードが知られている。半導体の生みの親であるショックレーはベル研を退社しカルフォルニアの片田舎に全米から秀才を集めて研究所を設立した。その場所が現在の米半導体産業のメッカであるシリコンバレーとなった。しかし秀才の１人のノイスは８人の仲間とともに研究所を退社しフェアチャイルド社を設立した。そこで不純物でショートし易いメサ型トランジスターからプレーナー型トランジスターの製造を開始した（図６参照）。ちょうどそのときソ連のはじめての人工衛星スプートニクが打ち上げに成功し、米国は冷戦下の宇宙開発競争でソ連に遅れることに脅威を感じ、ケネディー大統領は月に人間を送るアポロ計画を発表した。アポロ計画やミニットマンミサイルなどの軍事関係などの電気回路が真空管から軽量なICに置き換えられ、歩留まりの悪く採算がとれない初期の半導体産業を育成

図6 メサ型（右）とプレーナー型トランジスター（左）

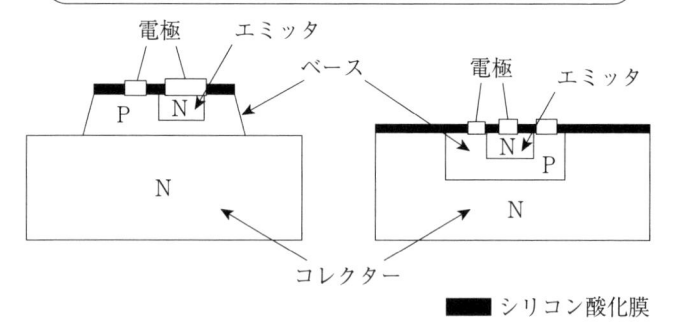

することができた。続いて1960年代に入りICの需要が宇宙開発や軍需から民需に移行すると、MOSトランジスターの開発とともにICからLSIの時代に入る。ちょうどこのときも日本で電卓ブームが起き電卓メーカーの開発競争が到来した。ノイスが再び設立したインテル社は日本のビジコン社と共同でマイクロプロセッサー（またはマイクロコンピューター、マイコン）を開発し電化製品のマイコン化が進んだ。そして1970年代にカルフォルニアのシリコンバレーで、このマイコンを使ってパソコン（PC）を自作することが流行する。この中からアップル社（現在のマッキントッシュ、Mac）が誕生することになる。GUIに優れたアップル社のPCが台頭すると、IBM社は大型コンピューターの分野ばかりでなく、PC分野に進出することを決定した。そのときハードウェアはすべて既存のもの（内部使用を公開）、ソフトウェアのOSの開発を予定した人物がたまたま交渉できず、ビルゲイツ（現在マイクロソフト社）が開発することになったのがウィンドウズの前身のMS-DOSである。コンピューターの半導体の集積度が上がるに従ってダウンサイジングし、かつて大型コンピューターやミニコンでしか計算できなかった計算が現在ではPCでできる時代が到来したのである。最後に金属ケイ素を用いた応用として、太陽電池はP型とN型シリコン半導体を接合させ光をあてると電圧（光起電力）が発生し電気が流れる原理を応用している（図4参照）。

当初単結晶シリコンが利用されたので人工衛星などにしか使えなかったが、アモルファス（不規則構造）シリコン太陽電池が開発されると一般に普及し始めた。1970年代の日本のサンシャイン計画で家庭の屋根に太陽電池パネルの設置が進められたが、まだまだ高価なために普及しなかった。今地球温暖化対策の1つとして燃料電池とともにシリコン太陽電池で家庭で消費する電気を自家発電する時代がそこまでやって来た。

　ケイ素の最も酸化された状態がケイ酸塩である（図2参照）。一般に金属酸化物において酸素の電気陰性度が大きいのでイオン結合性が強くなる。一般に金属が1種類の単純金属酸化物にはその組成からマグネシア（MgO）や生石灰（CaO）などのMO型とシリカ（SiO_2）とチタニア（TiO_2）などのMO_2型がある。このシリカからできているのがガラスである。ガラスの製造は紀元前のシリア海岸でフェニキア人の貿易商が偶然に食事のために船荷のソーダで炉をつくり炊事をしたところ熱でソーダが砂と反応してガラスができたことにはじまるとの説がある。高温でシリカを溶融し急冷すると、ケイ素と酸素は共有結合性があるために規則構造ではなく不規則構造（アモルファス）のままで固化する。このアモルファスのガラスは長時間が経つと安定な規則構造になりガラスは失透してしまうので、ナトリウムイオンを添加し不規則網目構造の空孔にナトリウムイオンを入れ失透を防いでいる（図7参照）。これがナトリウムガラスである。吹きガラスによる工芸品のガラスは西欧、中世のベネチア職人の時代から人々を魅了してきているが、米国ボストンのハーバード大学植物博物館のガラス製の植物標本は現代のガラス職人の作品の中で必見に値する。一方板ガラスは西欧、中世では鋳造板を使って製造されていた。フランス、パリ、ルーブル美術館の鏡の間がこの手法の傑作と言われている。日本では明治大正期は吹きガラスを切開して板ガラスを製造しているため歪んでいた。文豪夏目漱石の小説に雪見障子のガラス越しの庭の景色がゆがんでみえると表現されているのはそのためである。板ガラス

図7 シリカ規則構造（上左）、ナトリウムガラスのアモルファス構造（上右）とケイ酸塩の層状構造（下）

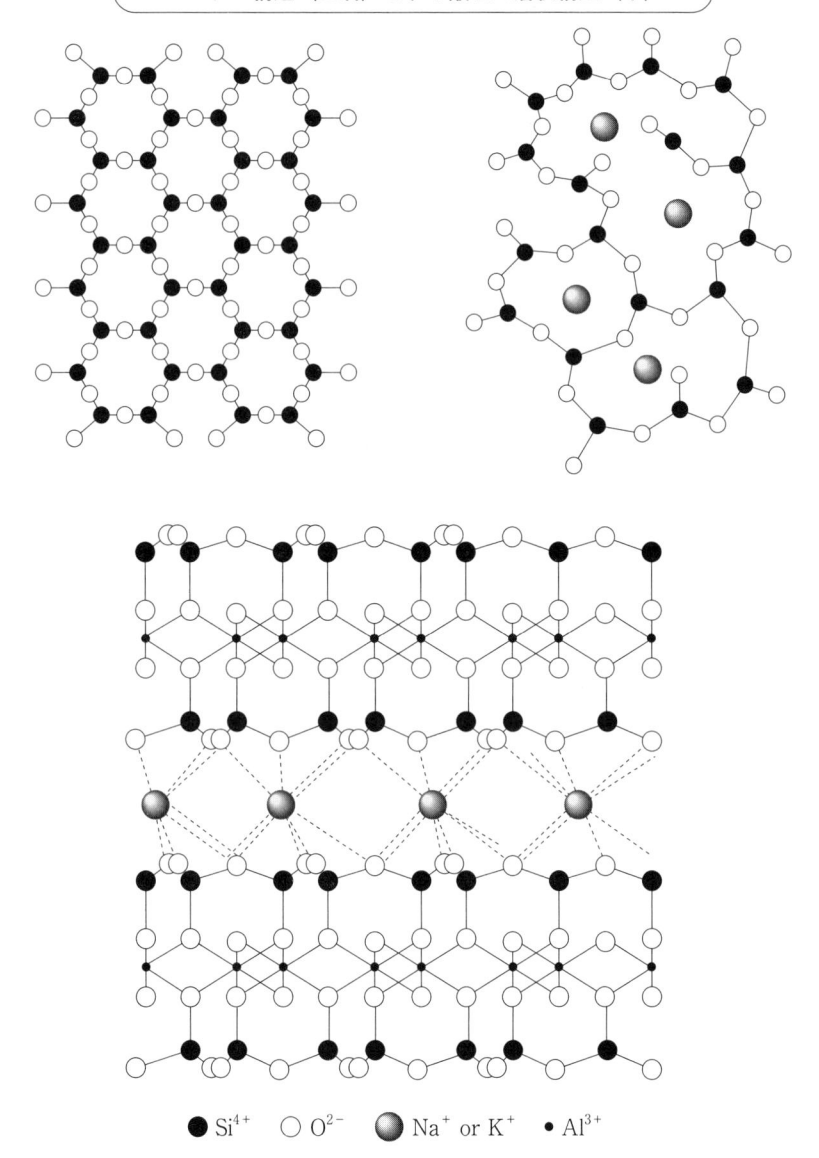

● Si^{4+} ○ O^{2-} ● Na^+ or K^+ · Al^{3+}

が平らになったのは1960年代以降機械引上げ（フロート法）による製造が始められてからである。このガラスが情報化社会を支えるもう一つの大きな役割をしている。それがインターネット通信網に使われている光ファイバーである。光通信は位相のそろったどこまでもとどく強力なパルス光とそれを伝搬する透過光強度の減少が小さい超高純度のガラスファイバーがないと実現しない。前者がレーザーでベル研のタウンズとシャロウにより1950年代に発明されている。後者は米国のダウコーニング社と日本のNTTで開発され、不純物を混入を防ぐために気相中で四塩化ケイ素を酸水素バーナーで酸化してそのままファイバーに引く方法で実現された。このときテトラクロルシランにリンやホウ素化合物を添加することで屈折率の調節がされる。また光通信でもたらされる情報を表示するのが発光ダイオード（LED）である。13族と15族元素の組み合わ元素からなる発光ダイオード（LED）で赤色と黄色は発現できていたが、当時青色LEDは世界中で探索されていた。その中で四国の小さな企業だった日亜化学の中村がインジウム・アルミナ・ガリウム・窒素ヘテロ接合LEDで青色を世界ではじめて実現した。かつて大西洋と太平洋に敷設された海底ケーブルに銅線が使われていたとき、一度に51通話しかできなかった。しかし現代では光ケーブルの敷設で一度に10万回線以上、その上高速インターネットまでもが実現している。青色LEDが実現すると信号機の三色がそろったのでずいぶんとLEDの信号機が増え、クリスマスのイルミネーションも青色が増えている。また光ファイバーのもう1つの応用として医療分野での内視鏡が上げられる。胃ガンや大腸ガンは以前は開腹手術が行われたが、現代では内視鏡で簡単に除去できるようになった。

　酸化物の組成をさらに分類するとM_2O_3型としてアルミナ（Al_2O_3）や酸化鉄（Fe_2O_3）などが上げられる。金属が2種類以上の複合酸化物の中に$MO-M_2O_3$型、$MM'O_3$型が知られ、この型の酸化物にはスピネル（$CaTiO_3$）とかペロブスカイト（$MgO-Al_2O_3$）と呼ばれる結

図8　スピネル（MgOAl$_2$O$_3$）（左）とペロブスカイト（CaTiO$_3$）（右）

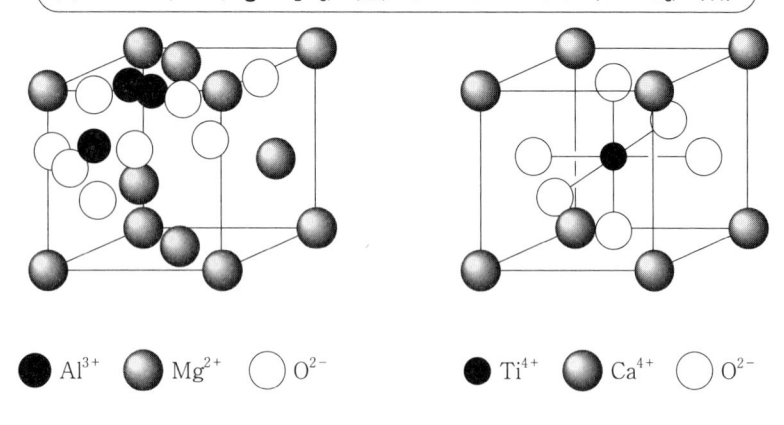

● Al^{3+}　　〇 Mg^{2+}　　○ O^{2-}　　　　● Ti^{4+}　　〇 Ca^{4+}　　○ O^{2-}

晶構造を持ち特異な物性を発現する酸化物（セラミック）が多い（図8参照）。たとえばマンガンフェライト（MnO-F$_2$O$_3$）やバリウムフェライト（BaO-6Fe$_2$O$_3$）は磁性材料になる。γ-フェライト（Fe$_2$O$_3$）は単一金属であるが同じスピネル構造をとり磁気テープとして広く用いられている。酸化チタン（TiO$_2$）にコンデンサー材料として知られる酸化バリウム（BaO）を添加するとチタン酸バリウム（BaTiO$_3$）が得られる。これはペロブスカイト構造をとることで優れた誘電材料として日米の企業で研究された。このチタン酸バリウムにさらに添加剤として酸化ランタン（La$_2$O$_3$）を加えると通常のセラミックと逆にキューリー温度から抵抗が増大することが示された。今度は逆に酸化チタンを酸化鉛（PbO$_2$）にかえた鉛酸バリウム（BaPbO$_3$）ではセラミックでも低温にすると抵抗がゼロになる可能性（超伝導）が示された。そしてついに1987年にIBM社のベドノルツとミューラーは同じペロブスカイト構造をとる（LaCuO$_3$）のLaを一部Baに置換したセラミックが金属超伝導物質よりも高い臨界温度（マイナス243度＝30K）で超伝導になることを明らかにした。この発見がきっかけとなって液体ヘリウム（マイナス269度＝4K）ではなく液体窒素（マイナス196度＝77K）温度で超伝導になるセラミック化合物が実現され

た。

　ケイ酸塩はその組成が $MO-SiO_2$ あるいは $M_2O_3-SiO_2$ で示される複合金属酸化物である。他の金属酸化物と違うところはケイ素—酸素結合が共有結合性をもつため、ケイ酸陰イオンが環状、鎖状、帯状、立体網目状の巨大な陰イオンを形成し、その隙間に電荷を中和するように金属陽イオンが存在することである（図7参照）。さらに巨大陰イオンのケイ素の一部がアルミニウムに置換されると陰イオンの価数を大きくすることができる。実際天然のケイ酸塩（鉱物）はアルミニウムで置換されている場合が多く、正確にはアルミノケイ酸塩と呼ばれている。鉱物の分類に従うと石英は100％ケイ素で、長石は石英の一部のケイ素をアルミニウムで置換した立体網目状構造のアルミノケイ酸塩であり、輝石、角セン石は鎖状および帯状構造のアルミノケイ酸塩となる。雲母は層状構造のアルミノケイ酸塩のためにはがすことができる。水を含ませると自由自在に変形する粘土はこのようなアルミノケイ酸塩から風化により金属イオンが欠落し巨大なケイ陰イオンのみになったものである。金属イオンの欠落した隙間には自由に水が吸収されることで滑りが生じ変形することができる。陶器はこの粘土を比較的低温（1000～1200度）で焼成したものではじくと濁音を発し、ガラス質の釉薬を施さないと水漏れしてしまう。一方磁器は白色の粘土に石英、長石を混ぜて比較的に高温（1200～1300度）で焼成したもである。指ではじくと澄んだ金属音を発し、原料にガラス質が混入されているので薄く透光性があり水漏れはしなくなる。これ以外に天然に存在するフッ石（ゼオライト）と呼ばれるケイ酸塩はその細孔に気体を吸蔵し、加熱の際その気体を放出することで加熱溶媒の突沸を防ぐのに用いられることで実験室ではおなじみである。モービル社はケイ酸ナトリウムと硫酸アルミニウムを4級アンモニウムを鋳型として水熱合成することで人工的にゼオライトを合成するのに成功した。人工ゼオライトは石油改質剤や工業用触媒などとして広く利用されている（図9参照）。ガラスは通常シリカを金属酸化物を添加し

図9 ゼオライトの単位構造（左）代表的なゼオライトの構造（中）とメソポーラスシリカの部分構造（右）

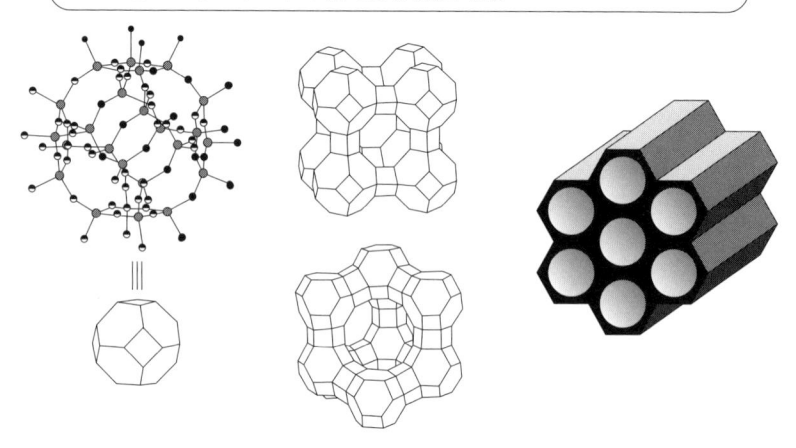

て2000度以上の高温で溶融して製造されている。作花はテトラエトキシシラン（TEOS）を加水分解（ゾル−ゲル反応）することにより800〜900度と低い温度で焼成しガラスを合成した（低温ガラス）。この方法は種々の金属アルコキシドを添加したり、有機官能基を導入したりすることで機能性ガラスの製造に応用されている。このゾル−ゲル反応を合成ゼオライトと同様に鋳型として界面活性剤を存在させて行うと、界面活性剤が形成する筒状のミセル構造の隙間にシリカが形成される。これを焼結すると蜂の巣状の規則構造を有するメソポーラスシリカが合成できることが明らかになり、この分野の今後の発展が期待されている（図9参照）。鉄筋コンクリートに使われるセメント（ポルトランドセメント）はこの粘土を石灰（CaO）や石こう（$CaCO_3$）と混合して一部加水分解し、鉄筋の入った建物の型枠に流し込みさらに反応を行うことで硬質のカルシウムケイ酸塩鉱物を形成する建築材料である。

　シリコーン高分子は人工の高分子でナイロンやポリエステルなどの炭素系高分子と同じ1930-40年代に発明されその歴史は古い。20世紀初頭に有機金属化合物のグリニヤール試薬が発明されると英国の化

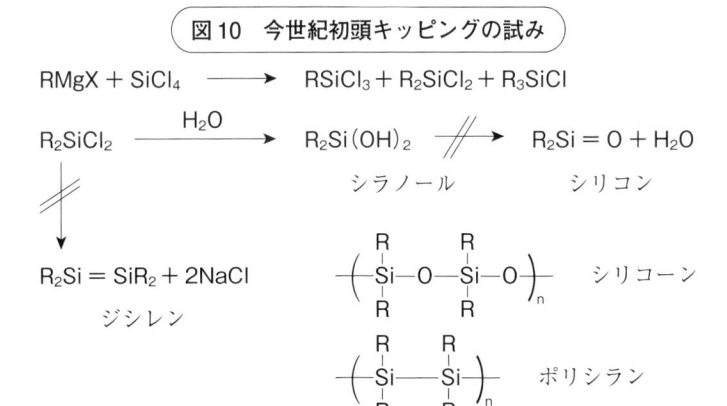

図10 今世紀初頭キッピングの試み

$$RMgX + SiCl_4 \longrightarrow RSiCl_3 + R_2SiCl_2 + R_3SiCl$$

$$R_2SiCl_2 \xrightarrow{H_2O} R_2Si(OH)_2 \not\longrightarrow R_2Si=O + H_2O$$

シラノール　　　　　　シリコン

$$R_2Si=SiR_2 + 2NaCl$$
ジシレン

$$\left(\begin{array}{c}R\\-Si-\\R\end{array}\begin{array}{c}R\\O-Si-O\\R\end{array}\right)_n \text{シリコーン}$$

$$\left(\begin{array}{c}R\\-Si-\\R\end{array}\begin{array}{c}R\\Si-\\R\end{array}\right)_n \text{ポリシラン}$$

　学者のキッピングはテトラクロルシランとグリニヤール試薬から有機ケイ素化合物を合成した（図10参照）。得られたジアルキルジクロルシランを加水分解して一度炭素化合物のアルコールに相当するシラノールを合成し、その脱水反応で炭素化合物のケトンに相当するシリコンを合成しようと試みた。しかし生成したものはガム状物質のシリコーン高分子であった。さらにジアルキルジクロルシランを還元して炭素化合物のアルケンに相当するジシレンを合成しようと試みたが、やはり得られた化合物はポリシラン高分子であった。ちなみに当時はまだ高分子の存在は確立していないのでキッピングは高分子と認識していなかった。キッピングは彼の最終講義でケイ素の将来はまったく望みがないと結論した。しかし電化製品が普及し始めた1930年代米国でコーニンググラス社のハイドがキッピングの論文を参考にしてシリコーン高分子を電気コードの被覆材に使おうとしてグリニヤール法による合成を試みた。このハイドの研究所を見学に訪れたジェネラルエレクトリック（GE）社のロコーがハイドの研究を知り、工業的に応用可能なジメチルジクロルシランの合成法を発明した。この方法はロコー法または金属ケイ素から直接合成できるので直接法と呼ばれている。金属ケイ素と塩化メチルを銅触媒として流通式反応管で反応させ

図11 ロコー法

$$CH_3Cl + Si \xrightarrow{Cu} \begin{array}{l} Me_2SiCl_2 \quad b.\,p. \quad 70.0℃ \\ MeSiCl_3 \qquad\qquad 67.5℃ \\ HSiCl_3 \qquad\qquad 31.8℃ \\ MeHSiCl_2 \qquad 40.7℃ \\ Me_3SiCl \qquad\quad 57.2℃ \end{array} \xrightarrow{H_2O}$$

てジメチルジクロルシランにする方法で、生成物には他の種々のクロルシランが副生するので分別蒸留を行う必要がある（図11参照）。現在も世界のケイ素関連企業はこの方法を採用してジメチルジクロルシランを合成しその加水分解からジメチルシリコーン高分子を生産している。シリコーン高分子はオイルであるが、ロコー法の副生成物のメチルトリクロルシランを架橋剤として添加することでシリコーンゴムやシリコーン樹脂を製造している。シリコーン高分子は主鎖骨格がケイ素―酸素からなり、ケイ酸塩（砂）と同じであることから当時魔法の砂と呼ばれた。シリコーン高分子の主鎖はコイル状を形成する性質があり発水性や通気性を有する。さらに耐熱性、耐酸性、絶縁性があることから電気部品の絶縁材、自動車や土木・建築関係のシーリング剤、化粧品、シャンプーなどの添加剤、工業製品や歯型など離型剤などに用いられる。とくに都心のガラスばりの超高層ビルが可能なのは窓ガラスのシーリング剤として耐候性の良いシリコーンシーリング剤が利用できるようになったおかげと言われている。さらに炭素材料にない生体適合性をもっているので整形医科材料や酸素透過性が良いことからコンタクトレンズとして古くから利用されている。ロコー法の副生成物として種々のクロルシランの他に水素化ケイ素化合物が生成する（図11参照）。この水素化ケイ素化合物を白金触媒存在下アルケンやアルキンと反応させると付加反応することが、米国ユニオンカー

図12 ヒドロシリル化（上）とシランカップリング剤（下、左）

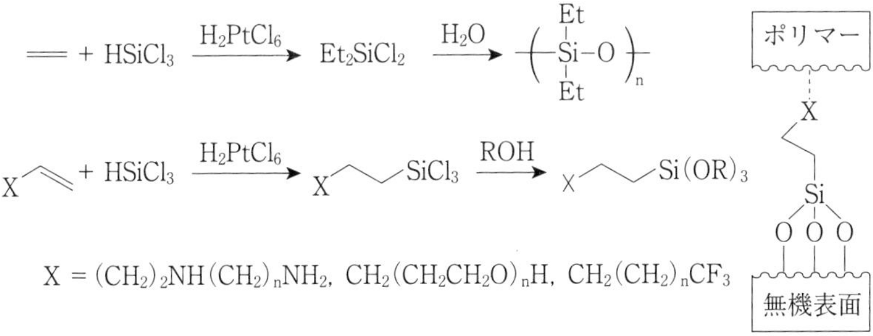

$$= + HSiCl_3 \xrightarrow{H_2PtCl_6} Et_2SiCl_2 \xrightarrow{H_2O} +(\underset{Et}{\overset{Et}{Si}}-O)_n$$

$$X\diagdown= + HSiCl_3 \xrightarrow{H_2PtCl_6} X\diagdown\diagdown SiCl_3 \xrightarrow{ROH} X\diagdown\diagdown Si(OR)_3$$

$X = (CH_2)_2NH(CH_2)_nNH_2,\ CH_2(CH_2CH_2O)_nH,\ CH_2(CH_2)_nCF_3$

ポリマー
X
Si
O O O
無機表面

　バイド（UCC）社のスパイヤーにより発見された（図12参照）。ヒドロシリル化と呼ばれる反応である。UCC社はこの反応をジエチルクロルシランの合成に応用し、ロコー法より炭素数の多いシリコーン高分子を合成した。ところがその熱分解温度は、ジメチルシリコーンの200～300度に対して120度と低く新しいシリコーン高分子にはなりえなかった。しかしこのヒドロシリル化反応をトリクロルシランに適用し、続くアルコール分解で合成できるトリアルコキシシランはシランカップリング剤としてガラスやシリカと炭素材料を接合するケイ素化合物として広く利用されている（図12参照）。

　さてロコー法の反応生成物を蒸留した後に残る釜残にはケイ素―ケイ素結合をもつヘキサメチルジシランが多量に含まれている（図13参照）。これを明らかにしたのが東芝シリコーンの熊田である。熊田は後に大阪市立大学、京大で教べんをとりケイ素化学分野の多くの研究者を育てた。ケイ素―ケイ素結合が長くつながったものがポリシラン高分子で、周期表で多くの元素が知られているにもかかわらず同じ元素同士がつながることができる性質（カテネーション）をもつ元素は炭素をのぞくとケイ素しか存在しない。同族のゲルマニウム・スズでも知られてはいるが蛍光灯の光でも結合が切断されるほど弱い結合である。しかし熊田・石川らはこのケイ素―ケイ素結合でも紫外線を照射すると容易に切断され、トリシランの場合には炭素の二価活性種

図13 ケイ素を含む不飽和化学種

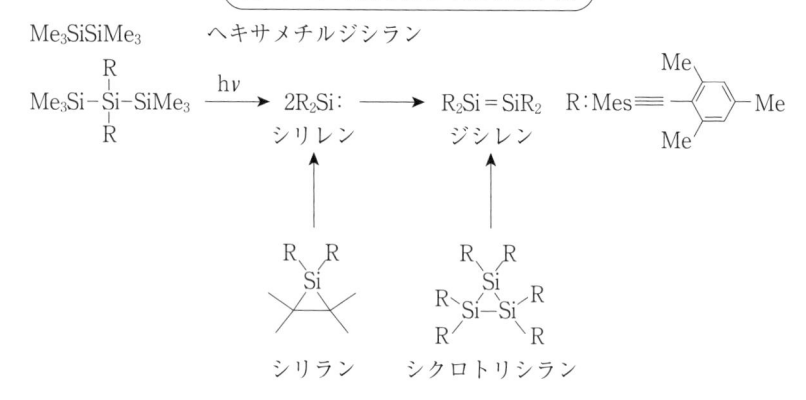

$Me_3SiSiMe_3$　ヘキサメチルジシラン

$Me_3Si-\underset{R}{\overset{R}{Si}}-SiMe_3 \xrightarrow{h\nu} 2R_2Si: \longrightarrow R_2Si=SiR_2$
　　　　　　　　　　　シリレン　　　　ジシレン

$R: Mes \equiv$ (2,4,6-トリメチルフェニル基) Me 置換ベンゼン環

シリラン　　シクロトリシラン

のカルベンに相当するシリレンが生成することを見出している（図13参照）。この光反応を応用して80年代にカナダのブルークはエノール型のケイ素—炭素二重結合化合物シレンをはじめて安定に単離することができ、安藤・関口らは非エノール型のシレンやシラベンゼンを発生させることに成功した。一方米国のウェストはトリシランの光反応を用いてケイ素—ケイ素二重結合化合物（ジシレン）を安定に単離することに成功した（図13参照）。ジシレンはまさにキッピングが今世紀初頭その合成を試みて失敗した化合物である。ウェストはロコーが後にハーバード大で教べんをとったときの教え子であり、もう1人の教え子がマサチューセッツ工科大（MIT）のシーファースである。彼はケイ素を含む三員環化合物シリランからケイ素二価種シリレンが発生できることをMITで発見した。後年同じくMITの正宗は全部ケイ素からなるシクロトリシランを発見し、この光反応からもジシレンを合成できることをウェストとほぼ同時に見つけた（図13参照）。ジシレンは空気に対してはもちろん不安定なので不活性ガス下で嵩高い置換基により重合するのを妨げることで単離が可能となった。同様な手法により後年岡崎・時任らによりキッピングが合成しようと試みたシリコンの硫黄類似体であるシラチオンやさらにシラベンゼン

図14　有機ケイ素化合物の有機合成への応用

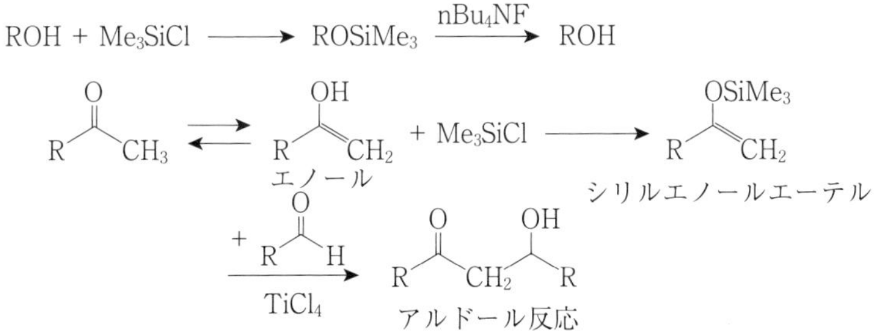
ROH + Me3SiCl
ROSiMe3
nBu4NF
ROH
O
R
CH3
OH
R
CH2
エノール
+ Me3SiCl
OSiMe3
R
CH2
シリルエノールエーテル
+
O
R
H
TiCl4
O
OH
R
CH2
R
アルドール反応

が、一方関口らによりケイ素—ケイ素三重結合化合物ジシリンが安定に単離されキッピングの夢も大きく実現されつつある。一方クロルシランは液体およびガスクロマトグラフィーの担体の表面処理剤や、アルコールやアミンなどの極性な化合物をガスクロマトグラフィーで分析するときにシリル化し分析を容易にする補助剤として使われてきた。クロルシランは一般に有機化合物の活性な水素と置換することで等価体（プロトンダミー）または保護基として利用できる。まず有機合成のときにアルコールを保護するのに使われはじめ、さらに通常ケトンの互変異性体として不安定なエノールもシリル化することで単離できることが示された（図14参照）。このシリルエノールエーテルは四塩化チタン存在下種々のアルデヒドやケトンとアルドール反応をする。向山により開発された反応である。通常のアルドール反応は塩基性条件で行われるのに対して酸性条件で、しかも交差型反応が可能である。同様な酸性条件のビニルケイ素化合物を用いたビニル化反応が英国のフレミングにより、アリルケイ素化合物を用いたアリル化反応が櫻井・細見らにより開発され有機ケイ素化合物の有機合成への応用が発展した。

ロコー法の釜残から出発したポリシラン高分子やさらにケイ素—ケイ素結合がパイ電子と交互に連なるカルボシラン高分子はシリコーンに替わる新しいケイ素系高分子として注目されている（図15参照）。

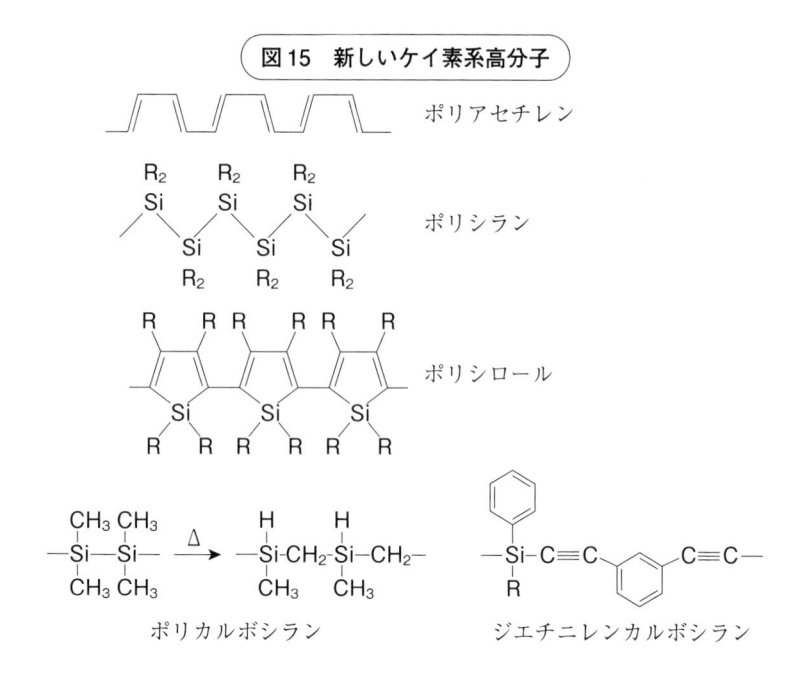

図15 新しいケイ素系高分子

ポリアセチレン

ポリシラン

ポリシロール

ポリカルボシラン　　ジエチニレンカルボシラン

　アセチレンを重合したポリアセチレンは炭素の二重結合のパイ電子が共役することにより導電性が発現する。一方ポリシランはそのエネルギーレベルが高いことからケイ素—ケイ素結合のシグマ電子が共役し、一方カルボシランはケイ素—ケイ素結合のシグマ電子と炭素系のパイ電子がシグマ—パイ共役することで導電性が期待される。とくにポリシランのシグマ電子共役は主鎖のすべてがジグザグ構造をとるときに最大となり、カルボシラン系では主鎖の炭素系がシスのときにシグマ—パイ共役が最大になると考えられている。後者のタイプのポリシロールが玉尾・山口らにより合成されEL素子として実用化されている。またジメチルポリシランを熱分解すると転位反応が進行しポリカルボシランを生成し、焼成すると炭化ケイ素繊維が製造できることが矢島により見出された。このようにポリカルボシランはセラミック前駆体として着目されている。三井東圧により開発されたジエチニレンポリカルボシランは焼成することでポリイミドよりも耐熱性（470度）の

あるケイ素系高分子を実現している。

　以上金属ケイ素、ケイ酸塩、シリコーン、ポリシランの順にケイ素の化学を概説してきたが、見てきたように金属ケイ素よりシリコーンが古く、超高純度金属ケイ素の製造法もシリコーンの化学がなかったらできなかったと言われている。化学分野から見ると金属ケイ素（半導体）は物理分野ということになるが、物質科学として同じく興味をもっていただきたい。実際日本のシリコーン製造のトップメーカーである信越化学は自社でシリコーン製造技術を開発するとともに、現在ではシリコンウェハの製造も行っている。ケイ酸塩についても化学分野の中の無機化学ということになるが、もともとシリコーンは無機のケイ酸塩を有機化することから合成され、有機化学と無機化学の境界領域に発展してきた。おもしろいことに日本では有機金属化学として有機化学分野に、欧米では無機化学分野に分類されるようである。シリコーンがロコー法により金属ケイ素から合成されるために高価になることから、今でも無機のケイ砂から直接有機のシリコーン高分子を合成することが探索されている。さらに近年生物がいかに生体シリカをつくるのかが注目されバイオミネラリゼーションとしてケイ素の化学は生物分野にも波及している。ケイ素の化学は物質科学として物理、化学（無機化学、有機化学）生物分野にまたがり、さらに研究のアプローチとしても理論、合成から材料まですべてを網羅している。最後にこの読者である学生、若手研究者が一人でも多くケイ素の化学に興味をもっていただけることを切望する。

Part 5

第5篇
高分子材料の魅力

大石不二夫

プロローグ

「物質」とは質量と体積を持つすべての物を指し、気体・液体・固体を問わない。その「物質」にある役割を持たせると、「材料」となる。役割を持たせるのは「人」であるから、「材料」は人間味を帯びてくる。そこが理学の中で魅力が異なっている。「高分子材料」とはなにか？ ありきたりの元素——炭素・水素・酸素など——がある組み合わせ—— Monomer と呼ぶ——を形成し、それが何万も何十万も連結して長い分子を構成したものを高分子—— Polymer ——と呼ぶ。図1に高分子のモデルを図示する。著者はこの高分子からできている高分子材料の魅力にとりつかれて46年間、この材料の応用と耐久性の研究を進めてきた。以下に高分子材料の魅力を探ってみたい。なお、紙面の都合により、ここでは図2に示す高分子材料のプラスチック・ゴム・繊維・複合材料などのうち、プラスチックをとりあげる。

図1　高分子のモデル図

1. 高分子鎖の構成

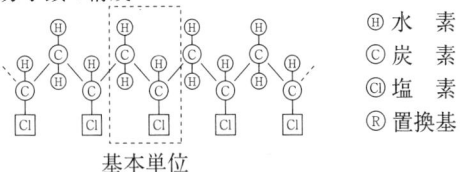

   Ⓗ　水　素
   Ⓒ　炭　素
   Ⓒl　塩　素
   Ⓡ　置換基

   基本単位

2. 連結のしかた

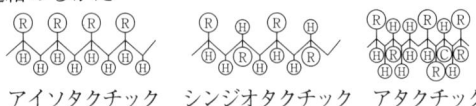

   アイソタクチック　　シンジオタクチック　　アタクチック

3. 連結数と配列のしかた

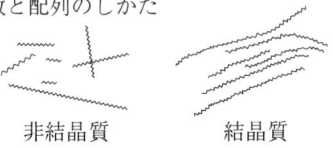

   非結晶質　　　　結晶質

4. 連結のしかた

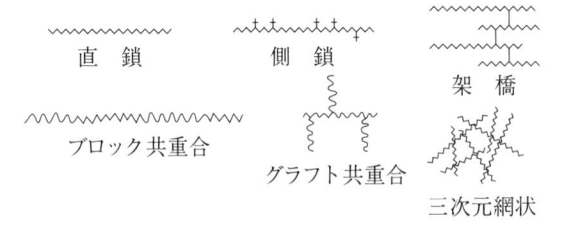

   直　鎖　　　側　鎖　　　架　橋

   ブロック共重合　　グラフト共重合　　三次元網状

1　プラスチックとは何か？

(1) 生活に欠かせないプラスチック

われわれの生活を見回してみると、プラスチックを使ったさまざまな製品が目につく。

プラスチック製品は数え切れないほどの種類がつくられ、日々、私たちの生活に役立っている。今日、プラスチックをまったく使っていない製品を見つけることができるだろうか？

図2　高分子材料の仲間達

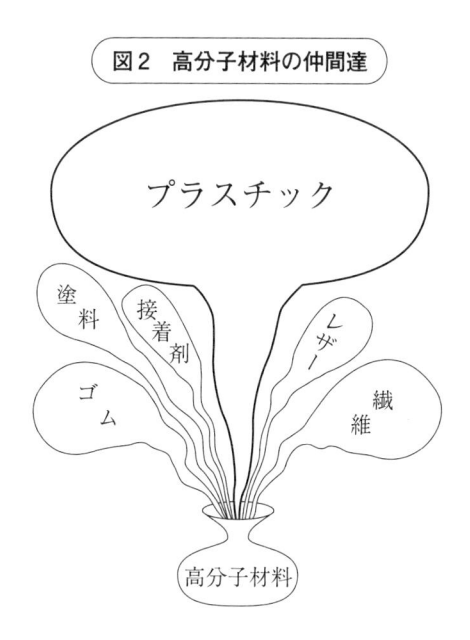

プラスチック／塗料／接着剤／レザー／ゴム／繊維／高分子材料

　プラスチックは、開発された当初は、木材や金属など天然素材の代用品として使われることが多かった。しかし、最近の工業製品は、設計当初からプラスチックが想定され、さまざまな用途・部位に使われている。

(2) プラスチックとは何か？

　高分子材料とは、石油、天然ガス、石炭といった天然炭素資源を主な原料として、これらを高分子合成反応させることによって、炭素、水素、酸素、窒素、塩素などの原子を、鎖状や網状に連結した長大分子（ポリマー）に合成し、さらにこのポリマーを主体として、充てん剤、補強材などを配合して得る材料のことを指す。その一部であるプラスチック（plastics）を定義すると、「加熱・加圧により自由に成形できる材料で、合成された高分子材料の中から合成ゴム、合成繊維、合成皮革を除いたもの。合成樹脂ともいわれる」となる。

　プラスチックを分類すると、表1となる。

表1 プラスチックの分類

略号	名称		代表例
TP	熱可塑性樹脂	単体ないし充てん材入り	ポリアセタール、ポリアミド（ナイロン）、ポリカーボネート、ポリプロピレン、ポリエチレンなど
FRTP	熱可塑性樹脂	繊維複合材	同上にガラス繊維などを混ぜて、成形したもの、ナイロン、POMなど
TS	熱硬化性樹脂	単体ないし充てん材入り	エポキシ、フェノール、ポリウレタン、不飽和ポリエステルなど
BMC・SMC	熱硬化性樹脂	繊維炭酸カルシウム混成物	ポリエステルビニロンコンパウンド、ポリエステルガラスコンパウンドなど
FRTS	熱硬化性樹脂	繊維複合材	エポキシ、ポリエステルなどガラス織布やマットなど
SW	サンドイッチ構造材		ポリウレタンやポリスチレンの発泡体を心材として、表面に硬質塩化ビニルなどを張ったもの
―	高密度発泡体（俗称、合成木材）		ABS、ポリプロピレン、ポリウレタン、ポリエチレンなどの低発泡体

(3) プラスチックの生い立ちは？

プラスチックの主成分は、高分子（ポリマー）と呼ばれる長く連結した鎖状の分子である。この高分子の正体を初めて発見したのは、1926年、ドイツのスタウディンガーであり、この功績によりノーベ

ル賞が授与された。また1939年にドイツのシモンによりポリスチレンが初めて合成された。

1869年には、実用プラスチックの草分けであるセルロイド（半合成プラスチック）が、アメリカの印刷工ハイヤット兄弟により発明され、硝化綿に樟脳（しょうのう）を加えて成形可能とし、工業化された。

続いて、アメリカのベークランドが、ベークライトの名で有名なフェノール樹脂を1909年に工業化し、その後カメラのボディや電話機へ活用された。そのベークランドの親友であった高峰譲吉博士の指導により、ベークランドに6年の遅れで、旧三共製薬（現、第一三共㈱）で国産化された。セルロイドとベークライトが、わが国のプラスチック工業の発展の原点となった。

1930年代には、ナイロンがデュポン社のカロザースらにより1938年に発明され、著者の生まれた翌年1941年には工業化された。

第二次大戦後、軍用品が市場に開放され、プラスチックや合成ゴムそして合成繊維がわれわれの生活に登場してきた。「ポリ塩化ビニル」をはじめ、「ポリエチレン」や「ポリスチレン」、「フェノール樹脂」等である。

プラスチックの発展の歴史を見ると、次のような流れがわかる。

「天然材料の代用」→「生活雑貨用」→「金属代替用」→「高性能材料」→「新機能材料」

ただし、今日でも生産量は、汎用プラスチックがケタ違いに多く、その一方、材料メーカー各社は、新しい高性能材料と新機能材料の開発競争に、しのぎを削っているのが現状である。

2 プラスチックの製品にどんなものがあるか？

(1) どんなプラスチックがあるか？

プラスチックにはどんなものがあるか？を成形法から分けてみると、次のようになる。

◇ 成形品

モールド品ともいう。複雑な形状のマスプロに向く射出成形品や、ホットプレスを用いる圧縮成形品などが一般的である。

◇ 中空品

吹込成形（ブローモールディング）や真空成形によるものである。

◇ 押出成形品

シート、パイプ、丸棒など、断面が一様な長尺物のマスプロに用いられる。

以上のほかに、強化プラスチック製品、プラスチックフォーム、メタルや合板との併用によるサンドイッチ構造材、耐食ライニングや樹脂系の接着剤、シーリング剤、樹脂モルタル、プラスチックコンクリートなども広い意味でプラスチック製品といえる。

◇ 光造形品

金型では成形できない形状の成形品を得る新しい方式が、光造形法である。これは1987年に米国の3D社が世に出した画期的な新方式である。金型はまったく用いずに2液の光硬化性樹脂にレーザー光を三次元に照射し、層状に樹脂を硬化、積層して立体成形品をつくる。これには、三次元CADが用いられ、コンピューターとレーザー技術でプラスチックの成形を行う。

3 プラスチックの性質と分解

(1) 高分子材料の性質は何で決まるか？（図1参照）

◇ ポリマーの種類による

図1からわかるように樹脂の違い、すなわちポリマーを構成している基本単位の種類により諸性能は異なる。

◇ ポリマーの内容による

ポリマーは基本単位の分子構成の繰り返しであるが、この基本単位が同じであっても、連結のしかたや長さの違いで材料の性質が異なってくる。

◇ 副材料の種類、量、分布による

配合される充てん剤、安定剤は物性に及ぼす影響が大きく、とくに可塑剤の影響は大きい。

◇ 成形法とその条件による

成形法は、材料の性能に大きな影響を与える。

◇ デザインによる

製品のデザインは、プラスチック向きにする必要がある。

成形時の樹脂の流れを考慮して、コーナーに大きなR（アール、半径）をとり、エッジ（角）は丸めておく。

◇ 使用条件による

同一の材料でも、使用条件によって発揮する性能が異なることがある。プラスチックは一般に温度が上がると軟化し、低温になると脆化する。さらに応力が加わるとクリープ変形を生じ、薬液の作用で膨潤したり、き裂が生じたりもする。

(2) プラスチックの利点と欠点

【プラスチックの利点】
- 物理的性質
  ◇ 軽い（PE や PP は水に浮く）
  ◇ 透明のものが多く、屈折率も大きい
  ◇ 顔料の配合で着色しやすい
  ◇ 振動や音を吸収する
  ◇ 衝撃を緩衝する
  ◇ 摩擦係数が小さく、すべりやすいものが多い
- 機械的性質
  ◇ 柔軟性がある
- 熱的性質
  ◇ 熱を伝えにくい
- 電気的性質
  ◇ 電気絶縁性がある
  ◇ 誘電体である
  ◇ 電波透過性がある
- 化学的性質
  ◇ 水に強い（ポバールやユリアは例外）
  ◇ 酸やアルカリに耐えるものが多い
  ◇ 液体は通さず気体は透過させるものが多い
- その他
  ◇ 可塑性があるため成形しやすく、マスプロに適す
  ◇ 原料が石油であり、比較的豊富である

【プラスチックの欠点】
- 機械的性質
  ◇ 強度は鉄鋼より小さい

- ◇ 剛性は鉄鋼よりケタ違いに小さい
- ◇ 表面硬度が小さいものが多く、キズがつきやすい
- ・ 熱的性質
- ◇ 熱膨張が大きい
- ◇ 耐熱性が低く、変形・変質・分解を起こしやすい
- ◇ 低温になるともろくなる（ただし、ふっ素樹脂は逆に強くなる）
- ◇ 高温で軟化する（とくに熱可塑性のもの）
- ◇ 燃える（自己消火性のものや条件によっては着火しないものはあるが、完全不燃のものはない）
- ・ 化学的性質
- ◇ 溶剤によって膨潤したり溶けたりする
- ◇ 紫外線の作用で変化する
- ・ その他
- ◇ クリープや応力緩和現象がある
- ◇ 成形直後の収縮や経時的な寸法変化がある

(3) ポリマーブレンドとポリマーアロイ

　二種類以上のポリマー（高分子）を混合して、中間的な物性を持たせた材料を、「ブレンド」と呼んでいるが、一方、ポリマーアロイは二種類以上のポリマー（高分子）がミクロに混在して、相溶性と非相溶性のミクロ相分離が形成され、融点はそれぞれの中間の一つの値となり、ちょうど金属の合金のようになったもの。ブレンドより高度の改質ができる（表2参照）。

4　最適の材質を選ぶには？

　図3に示す多段フィルターと表3に示す適材選定のチェックリスト

表2 主なポリマーアロイ

ベース材料	改良剤	ねらい	用途例
PPE	スチレン	成形性改良	電気製品シャーシ
PPE	ポリアミド	成形性改良、耐溶剤性改良	自動車部品
ポリアミド	ゴム、ポリエチレン	耐衝撃性向上、寸法安定性向上	自動車外装
ポリアミド	ABS樹脂	寸法安定性向上	自動車外装
ABS樹脂	ポリカーボネート	耐熱性向上	電気製品外装
ポリカーボネート	ポリエステル	耐溶剤性向上	自動車部品
ポリカーボネート	ABS樹脂	メッキ性改良	自動車部品など
ABS樹脂	塩化ビニル	難然性付与	電気製品外装
ポリスチレン	ゴム	耐衝撃性向上	電気製品外装
ポリカーボネート	アクリル	特殊外観（パール）	日用品
ポリアセタール	ポリエチレン	潤滑性能向上	摺動部品
ポリプロピレン	ゴム	耐衝撃性向上	バンパー

出所）中村次雄、佐藤功「初歩から学ぶプラスチック」p.209　1995（工業調査会）

に基づいて最適の材質が選ばれ、以下の手順で設計される。

（1）プラスチックを活かす設計法

・設計の一般手順（数字はフェーズ）

① 要請の発生
② 目的の確認
③ 使用条件、環境の実態把握
④ 要求主性能の決定
⑤ 要求副性能の決定
⑥ 構造、形状の決定

図3　適正材料選定のための多段フィルター

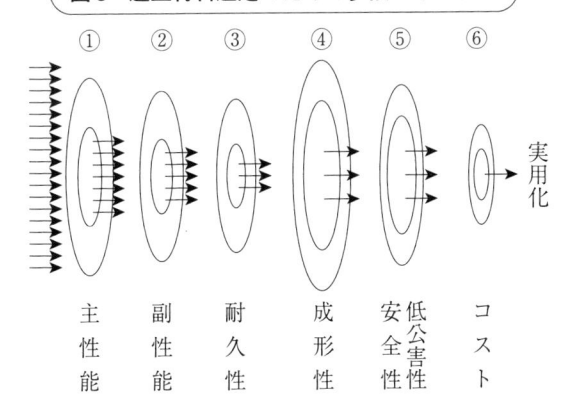

① 主性能　② 副性能　③ 耐久性　④ 成形性　⑤ 安全性・低公害性　⑥ コスト　→ 実用化

⑦　材質の候補選定
⑧　信頼性、耐久性、安全性、低公害性、成形性、経済性、リサイクル性などの確認
⑨　材質の決定
⑩　組み合わせ設計（接合、補強、表面処理など）
⑪　試作、試験、評価、フィードバック
⑫　試用、フィードバック
⑬　実用化

これらのうちで適正材料（適材）の選定について、図3の多段フィルターが適用される。

また、適材選定のチェックポイントを表3に示す。

5　プラスチックの応用

プラスチックは図4に示すように多くの分野へ応用されている。

図4 プラスチックの用途一覧

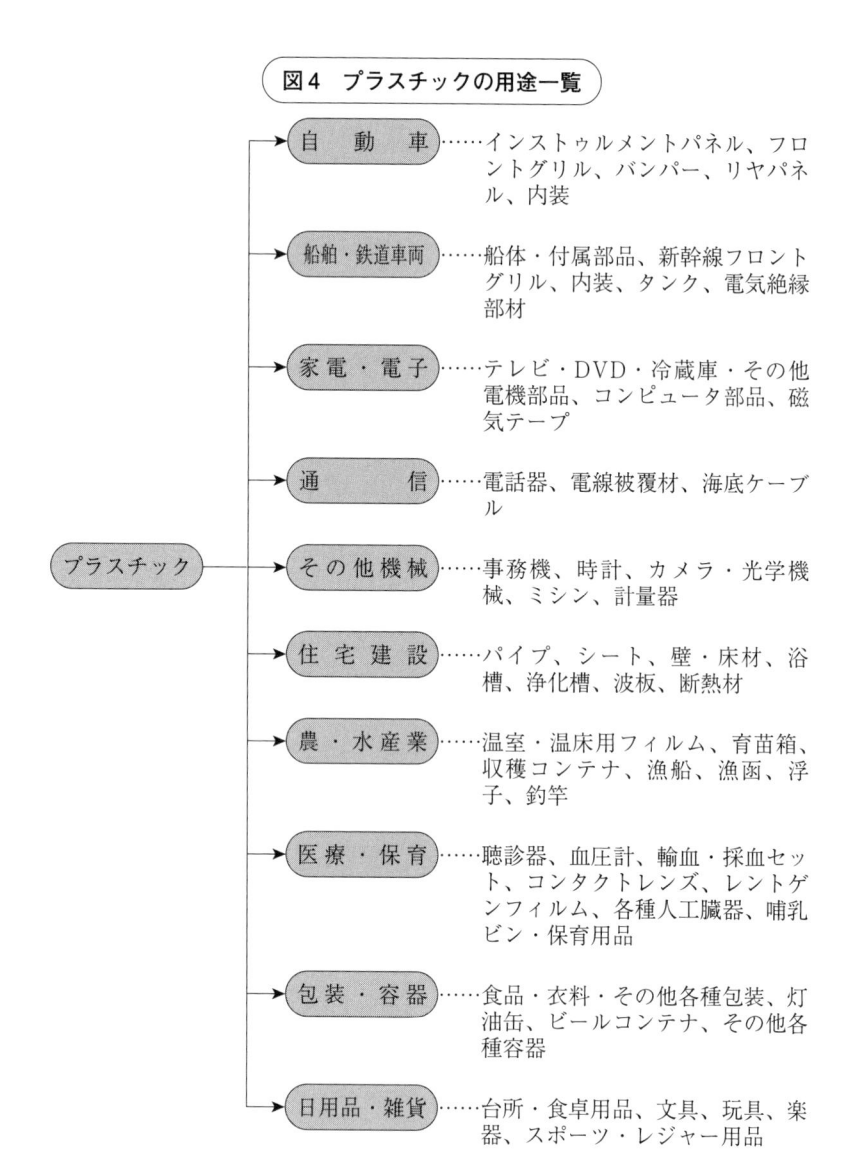

- プラスチック
  - 自動車……インストゥルメントパネル、フロントグリル、バンパー、リヤパネル、内装
  - 船舶・鉄道車両……船体・付属部品、新幹線フロントグリル、内装、タンク、電気絶縁部材
  - 家電・電子……テレビ・DVD・冷蔵庫・その他電機部品、コンピュータ部品、磁気テープ
  - 通信……電話器、電線被覆材、海底ケーブル
  - その他機械……事務機、時計、カメラ・光学機械、ミシン、計量器
  - 住宅建設……パイプ、シート、壁・床材、浴槽、浄化槽、波板、断熱材
  - 農・水産業……温室・温床用フィルム、育苗箱、収穫コンテナ、漁船、漁函、浮子、釣竿
  - 医療・保育……聴診器、血圧計、輸血・採血セット、コンタクトレンズ、レントゲンフィルム、各種人工臓器、哺乳ビン・保育用品
  - 包装・容器……食品・衣料・その他各種包装、灯油缶、ビールコンテナ、その他各種容器
  - 日用品・雑貨……台所・食卓用品、文具、玩具、楽器、スポーツ・レジャー用品

出所）石油化学工業協会資料

表3　適材選定のチェックポイント

◇目的とする機能……………………………〔主性能〕例）電気材料なら絶縁特性
◇副次的に必要となる性能………………〔副性能〕
　　　　　自重や荷重条件による要求：（強度）（剛性）（耐クリープ性）など
　　　　　周囲環境による要求：（耐水性）（耐油性）（耐薬品性）（耐熱性）など
　　　　　副次的な機能：（透明性）（軽量性）（断熱性）など
◇安全上必要とされる性能………………〔安全性能〕例）耐燃焼性、耐電圧
◇性能の持続性……………………………〔耐久性〕
　　　　　使用条件による要求：（耐摩耗性）（耐疲労性）など
　　　　　使用環境による要求：（耐熱性）（耐光性）（耐候性）（耐ストレスクラック性）など
◇希望する形状につくれるかどうか……〔成形加工性〕
　　　　　適合する成形方法：（圧縮成形性）（射出成形性）（押出成形性）など
　　　　　可能な二次加工法：（切削）（穴あけ）（熱加工）（接着）（めっき、印刷）など
◇トータルコスト……………………………〔経済性〕
　　　　　材料費・加工賃など：（製品コスト）
　　　　　保守費・交換費など：（メンテナンスコスト）　｝（総合経済性）
　　　　　代替費用・付帯費など：
◇社会的責任にかかわるもの……………〔廃棄物処理性〕〔無毒性〕

6　プラスチックの夢

次にプラスチックの先端状況と著者の夢を示そう。

(1) プラスチック光ファイバー

音声を電気に、電気を音声に変換させることは、これまでの電話線と同じであるが、光を用いると、アナログからデジタルとなり、連続の波（重なると混線する）からパルス波（重複しない）に変わるため、一本の線で一万本以上の電話回線を兼ねることができる。

長距離用には、石英ガラスが用いられるが、短距離用をはじめ、センサー、装飾ディスプレイ、標識、情報機器、医療用機器など柔軟性が要求される用途（可動式や携帯式など）には、プラスチック系が用いられる。アクリル樹脂を芯材とし、フッ化ビニリデン系クラッド材などが用いられている。

今後伝送損失が大幅に改善されれば、長距離用としても適用され、通信のスーパーハイウェイ計画などに活躍するであろう。

(2) プラスチック製サイボーグ

アメリカの人気映画の「ロボコップ」の半人半ロボットの刑事や「エイリアン」のロボット宇宙航海士など、スクリーンにはすでに登場しているサイボーグ（人造人間）にもプラスチックは活用され、映画の中では先端的な新材料が活躍している。また、「猿の惑星シリーズ」の猿のメイキャップは、シリコーンポリマーで成形され、「ジョーズ」の体全体はプラスチックやゴムで造られた。

(3) 人工臓器

プラスチックは医用に活躍している。その一例を表4に示す。

人工臓器として次のものが、実用化や試作が進んでいる。

頭蓋骨、硬膜、補綴物（鼻、耳など）、コンタクトレンズ・角膜・眼内レンズ・ガラス体、耳小骨・鼓膜、歯根・義歯、顎、咽頭、喉頭、食堂、気管、肺、血液、心臓・弁・心膜・ペースメーカー、皮膚、胸壁、乳房、横隔膜、内分泌器、肝臓、胆管、脾臓、腎臓、腹壁、尿管、腸管、膀胱、筋肉（括約筋）、腱、関節、靱帯、血管、関節軟骨、骨など。

今後はさらに脳、子宮、陰茎などが、近未来のターゲットとなろう。

(4) エコマテリアル

廃棄物が土中の微生物によって分解される「生分解性プラスチッ

表4 医用に使われるプラスチック例

用途	一般名
・注射器用部品 ・PTP包装 ・錠剤瓶	高密度ポリエチレン
・輸液バッグ ・ボトル ・人工透析チューブ用キャップ ・化粧品容器用中栓	リニア低密度ポリエチレン
・輸液 ・目薬 ・アンプル容器 ・医薬品包装材	低密度ポリエチレン
・注射器 ・輸液ボトル	ポリプロピレン
・輸液バッグ	EVA
・医薬品包装材	アイオノマー樹脂
・ポリプロピレン製キャップへの塗装 ・接着用	プライマー
・PTP包装	液状ポリオレフィン接着剤
・目薬容器 ・血液検査用セル ・医療器具 　（注射器、シャーレ、三方コック、人工腎臓など） ・採尿瓶 ・搾乳器	ポリメチルペンテン

ク」など、地球環境の保全に役立つ材料を「エコマテリアル」と総称する。

　そのトピックスとして「アミノ酸系吸水性ポリマー」がある。この新材料の廃棄物は、土中で完全に生分解されるだけでなく、アミノ酸

であるため分解後は植物の栄養源となる。そこで農園芸用保水材や土壌改質材として活用できる。

(5) 航空・宇宙分野

航空機へはすでにプラスチック（エポキシ樹脂とカーボン繊維とのコンポジット）がかなり活用されている。まもなく就航予定の最新型ジャンボジェット機（ボーイング787）や国産中型ジェット旅客機へも大量に採用される見通しである。

航空機の窓にはアクリル樹脂（延伸加工）やポリカーボネート、座席にはポリカーボネートやポリウレタン、灯具やカートにもプラスチックや複合材料（ハニカム）、翼にはハニカム構体が多用され、構体の接着剤にはエポキシ樹脂が用いられている。今後も機体の軽量化を一層図るために、プラスチックやコンポジットがますます活用されよう。

国産ロケットとしては、N-Ⅰ、N-Ⅱ、H-Ⅰ、H-Ⅱ、J-Ⅰ、H-ⅡAへと発展し、運ぶ衛星も最近では東大、東北大、香川大、都立産業技術専門学校製のものもある。そこで、プラスチックとの関わりだが、ロケット本体には接着剤、塗料、断熱材等に活用され、ロケット外面の断熱タイルはフェノール樹脂製。超高熱に耐えられる耐熱プラスチックの出現が待たれる。

(6) オールプラスチックハウス

図5は、近未来の「プラスチックハウス」のイメージ図である。このビルは、ほとんどすべての部材とすべてのインテリア・アウトエリアがプラスチックで作られているため、「オールプラスチックハウス」と名づけられている。

このイメージ写真は単なる想像図ではなく、建設と材料の専門家が集まって検討を続けた結晶であり、その成果報告書の巻頭を飾ったものである。この研究会の名は（財）高分子素材センター、建設・エン

図5　オールプラスチックハウス

ジニアリング分科会、オールプラスチックハウス研究分科会であり、筆者はこの会のアドバイザーであったので、引用させていただいた。

(7) リニアモーターカー

著者は前職の鉄道技術研究所時代にこのリニアモーターカーの研究・開発の初期から参画し、大学へ移った後も地上コイルの材料研究に一部携わってきた。

このリニアモーターカーは、戦後わが国で生まれた独創的新技術の代表例であり、リニアモーターカー方式はもとより超伝導磁気浮上技術は、極低温技術を含めて鉄道以外への普及効果も大いに期待されている。筆者もこのリニアモーター方式へのプラスチックやゴムの応用開発に参加してきたが、実例を挙げると、超伝導磁石の極低温耐熱荷重支持体（エポキシ樹脂と炭素繊維・ガラス繊維との複合材料）の開発、軽量構体の開発そして、緊急用・補助走行用ゴムタイヤの開発な

どがある。

　今後、リニアモーターカーの超軽量化、断熱荷重支持、防振・防音、電気絶縁、内装等にプラスチックはさらなる活躍が期待される。2025年に東京-名古屋間で開業予定の「リニアエクスプレス」には、著者も乗るつもりでいる。

(8) プラスチックチューブウエイ

　チューブ内を高速で飛ぶカプセルの中に人や貨物を入れて運ぼうという構想である。カプセルの後ろから加圧空気を送る方式と、前から真空吸引する方式とがあり、後者の場合かなりの高速が実現できるといわれている。

　まだ夢の段階だが、都会の上空利用や大深度地下利用の新交通システムとしては魅力がある。プラスチックを有効にふんだんに活用して、チューブを透明にして景色を見せながら、超軽量のプラスチック製カプセルが実現できれば、この方式も夢でなくなる。

　著者はリニアモーターと人工氷道を組み合わせた夢のチューブウェイの構想を30年以上前から抱いている。

(9) オールプラスチックカー

　車にはプラスチックが大幅に利用されており、プラスチック業界は自動車業界にかなり貢献している現状である。またFRP（強化プラスチック）で車のボディをそっくりつくることも珍しくない。

　しかし、エンジン（高温）も含めてプラスチックでつくるのはきわめて難問であり、試作車さえ実現しない。一方、プラスチックバッテリーの進歩は著しく、ハイブリッドカーへ応用されつつあり、エンジン以外のほぼオールプラスチックカーの実現は近いと予測する。

エピローグ

　以上でプラスチックの魅力を紹介したが、高分子材料にはプラスチック以外に、ゴムや繊維および他材料との複合材料があり、それぞれがプラスチックと同様に、魅力あふるる材料である。いずれも、炭素・水素・酸素などありきたりの元素の組み合わせと連結により、無限の可能性が得られる。"青年たちよ、この可能性にチャレンジしようではないか！"。

著者紹介

松本　正勝 (まつもと　まさかつ)

1942年大阪府生まれ。1965年京都大学工学部卒業。1970年同大学院工学研究科博士課程修了。工学博士。現在、神奈川大学理学部教授。専攻　有機化学、有機光化学。

主な著書に、『有機化学反応』（共著、朝倉書店、2005年）、『Singlet O2』（分担執筆、CRC Press, 1985年）『バイオ・ケミルミネセンス・ハンドブック』（分担執筆、丸善、2006年）、『Science of Synthesis; 1, 4-Dioxines and benzo and dibenzo-fused derivatives』（分担執筆、Thieme, 2004年）など。

主なレビューとして『Advance chemistry of dioxetane-based chemiluminescent substrates originating from bioluminescence』（J. Photochem. Photobiol., 2005年）など。

杉谷嘉則 (すぎたに　よしのり)

1939年東京都生まれ。1963年東京大学工学部卒業。1966年同大学院理学系研究科化学修士課程修了。理学博士。神奈川大学理学部教授。専攻　分析化学、機器分析。

主な著書：『分析化学』（共著、裳華房、1988年）、『機器分析ガイドブック』（編集委員、丸善、1996年）、『化学新シリーズ-機器分析入門』（共著、裳華房、2005年）など。

西本右子 (にしもと　ゆうこ)

島根県生まれ。千葉大学理学部化学科卒業。千葉大学大学院理学研究科修士課程修了。
1991年理学博士（論文）。
1984年　セイコー電子工業（株）科学機器事業部　応用研究室勤務。
1989年　神奈川大学理学部助手、専任講師、助教授を経て　現在神奈川大学理学部准教授。
主な著書に『これでわかる水の基礎知識』（共著、丸善2003年）、『最新熱分析（小澤丈夫・吉田博久編）』（分担執筆、講談社サイエンティフィク2005）、『水の総合辞典』（水の総合辞典編集委員会編）（編集及び分担執筆、丸善　2009年）など。

加部　義夫（かべ　よしお）

1995 年栃木県生まれ。1978 年群馬大学工学部合成化学科卒業。1983 年筑波大学大学院博士課程化学研究科修了。理学博士。1983 年筑波大学文部技官。1984 年マサチューセッツ工科大学化学研究科博士研究員。1986 年花王基礎科学研究所研究員。1989 年筑波大学化学系助手、講師、助教授を経て 2004 年神奈川大学理学部教授。
著書に『ポリシランの NMR（最近の手法）』（有機ケイ素ポリマーの合成と応用，櫻井　英樹　監修 CMC, 1989）、『Highly Reactive Small-ring Monosilacycles and Medium-ring Oligosilacycles』（John-Wiley, Patai Series, The Chemistry of Organic Silicon Compounds vol 2（3）1998）。

大石　不二夫（おおいし　ふじお）

1940 年東京小石川生まれ。1963 年東京都立大学工学部工業化学科卒業し、国鉄本社入社。1 年間の研修・現場実習を経て、鉄道技術研究所へ配属。1968 年化学研究室主任研究員、技師。途中 2 年間研究管理室、企画室勤務。1983 年工学博士（東京都立大学）。1987 年国鉄改革により、(財) 鉄道総合技術研究所主幹研究員（理事長直属）。1990 年神奈川大学理学部教授に就任し、化学科、大学院前期後期を担当し、今日に至る。専攻　高分子材料化学。環境庁環境賞・高分子学会賞（技術賞）・スガ財団賞など受賞。主な著書に「プラスチックの耐久性」（工業調査会）「高分子材料の耐久性」（工業調査会）「高分子材料の活用技術」（日刊工業新聞社）「プラスチック材料の寿命」（日刊工業新聞社）「開発工業―SNJ―」（朝倉書店）「活用ガイド高分子材料」（共著、オーム社）「ゴムの遊び方、使い方」（共著、オーム社）「プラスチックのはなし」（日本実業出版社）ほか共著多数。趣味は旅（国内・海外）、歴史、異業種交流、文化財探訪、美術鑑賞など。

神奈川大学入門テキストシリーズ
化学の魅力(かがくのみりょく)——大学(だいがく)で何(なに)を学(まな)ぶか

2010年2月15日　第1版第1刷発行

編　者——学校法人神奈川大学 ©
著　者——松本正勝・杉谷嘉則・西本右子・加部義夫・大石不二夫
発行者——橋本盛作
発行所——株式会社御茶の水書房
　〒113-0033　東京都文京区本郷 5-30-20
　電話　03-5684-0751
　Fax　03-5684-0753
印刷・製本——(株)シナノ
Printed in Japan
ISBN978-4-275-00862-6 C1043

神奈川大学評論ブックレット

定価 ①～⑲㉑㉒㉔㉕㉘は(本体800円)、⑳㉖㉗は(本体1000円)、㉓は(本体1300円)

1 網野善彦　女性の社会的地位再考

2 宮田 登　都市とフォークロア

3 石井美樹子　挑まれる王冠　イギリス王室と女性君主

4 復本一郎　俳句から見た俳諧　子規にとって芭蕉とは何か

5 アラン・コルバン［聞き手］的場昭弘・橘川俊忠［訳］渡辺響子　感性の歴史学　社会史の方法と未来

6 高橋 進　ヨーロッパ新潮流　二一世紀をめざす中道左派政権

7 西 和夫　海を渡った大工道具　日蘭交流400年

8 秋山勇造　日本学者フレデリック・V・ディキンズ

9 小馬 徹　贈り物と交換の文化人類学　人間はどこから来てどこへ行くのか

10 森崎和江　いのちへの手紙

11 永野善子　歴史と英雄　フィリピン革命百年とポストコロニアル

12 福田アジオ　民俗学者 柳田国男

13 寺本俊彦　地球の海と気候　人類は生き残れるか

14 桜井邦朋　生命はどこからきたか　宇宙物理学からの視点

15 伊坂青司　市民のための生命倫理　生命操作の現在

16 安里英子　ハベル[蝶]の詩　沖縄のたましい

17 後藤政子　キューバは今

18 小林道夫　ITと教育　情報教育の実践と提案

19 羽場久浘子　グローバリゼーションと欧州拡大　ナショナリズム・地域の成長か

20 ジャック・コマイユ［訳］丸山茂・高村学人　家族の政治社会学　ヨーロッパの個人化と社会

21 福田アジオ［編著］　日本の民俗学者　人と学問

22 萩原金美　裁判とは何か　市民のための裁判法講話

23 奥田宏子　チョーサー中世イタリアへの旅

24 鈴木陽一［編著］　金庸は語る　中国武侠小説の魅力

25 中山千夏　『古事記』に聞く女系の木霊

26 小熊英二　清水幾太郎　ある戦後知識人の軌跡

27 内海 孝　横浜開港と境域文化

28 塚原 史　ボードリヤール再入門　消費社会論から悪の知性へ

御茶の水書房　〒113-0033　東京都文京区本郷5-30-20　電話 03(5684)0751